普通高等教育"十四五"规划教材
普通高等院校物理精品教材

大学物理（上册）

主　编　王占民　柴瑞鹏
副主编　郝丹辉　张　蕾　白　冰

华中科技大学出版社
中国·武汉

内 容 简 介

本书是在教育部高等学校教学指导委员会颁布的《理工科类大学物理课程教学基本要求》的指导下,为适应当前物理教学改革的需要,经过多年教学实践并根据广大师生的意见和建议而编写的。

上册包括力学、振动、波与热学等内容。

本书可作为各类高等院校工科类专业和理科非物理类专业本科或专科生的物理学习教材,也可供自学者使用。

图书在版编目(CIP)数据

大学物理. 上/王占民,柴瑞鹏主编. —武汉:华中科技大学出版社,2022.10
ISBN 978-7-5680-8775-9

Ⅰ.①大… Ⅱ.①王… ②柴… Ⅲ.①物理学-高等学校-教材 Ⅳ.①O4

中国版本图书馆 CIP 数据核字(2022)第 182804 号

大学物理(上册)
Daxue Wuli(Shangce)

王占民 柴瑞鹏 主编

策划编辑:范 莹
责任编辑:余 涛
封面设计:潘 群
责任监印:周治超

出版发行:华中科技大学出版社(中国·武汉) 电话:(027)81321913
　　　　　武汉市东湖新技术开发区华工科技园 邮编:430223

录　排:武汉市洪山区佳年华文印部
印　刷:武汉科源印刷设计有限公司
开　本:710mm×1000mm　1/16
印　张:12
字　数:246 千字
版　次:2022 年 10 月第 1 版第 1 次印刷
定　价:36.00 元

前　言

　　物理学早期称为自然哲学，它的英文单词 physics 来源于希腊文，原意为"自然"。人类的科学发展史表明，物理学是一切自然科学的基础。

　　物理学中最重大的基本理论有以下 5 个。

　　(1) 牛顿力学（经典力学）：研究物体机械运动的基本规律；

　　(2) 热力学与统计力学：研究物质热运动的统计规律及其宏观表现；

　　(3) 电磁学和光学：研究电、磁、电磁感应、光以及电磁辐射等；

　　(4) 相对论：研究高速运动、时间、空间和引力等；

　　(5) 量子力学：研究微观物质运动现象以及基本运动规律。

　　前三个理论常被称为经典物理学，是研究宏观物质世界和自然现象的理论。相对论和量子力学主要是在 20 世纪发展起来的，通常认为是现代物理学的核心。

　　物理学作为自然科学的带头学科，它的基本概念和基本规律被广泛应用到所有的自然科学领域。物理学的发展对人类的物质观、时空观、世界观，以及对整个人类的文化都产生了极其深刻的影响，因此，物理学是人类现代文明之源。物理学所创立的一整套研究方法和技术是推动社会进步与发展的动力和源泉。

　　"大学物理"是高等院校理工类专业学生的必修基础课，可以为大学生提供全面系统的物理学基础，同时又可以使学生接受到科学思维方式和科学研究方法的训练，这些都起着增强学生适应能力、开阔思路、激发探索和创新精神，提高人才科学素质的重要作用。

　　著名理论物理学家、诺贝尔奖获得者理查德·费曼说过："科学是一种方法，它教导人们一些事物是怎样被了解的，什么事情是已知的，现在了解到什么程度（因为没有事情是绝对已知的），如何对待疑问和不确定性，证据服从什么法则，如何去思考事物做出判断，如何区别真伪和表面现象。"因此，在"大学物理"课程中，学生不仅要掌握自然界的一些知识、定律、公式和解题技巧，更重要的是应在学习过程中认识物理学各个分支之间的关系，把握物理学的内容、方法、概念和物理图像，关注物理学的基本概念、基本规律的产生和发现的历史过程，掌握物理思维方式和研究方法，建立科学的物质观、时空观和世界观。

　　本书是在教育部高等学校教学指导委员会颁布的《理工科类大学物理课程教学基本要求》的指导下，为适应当前物理教学改革的需要，经过多年教学实践并根据广大师生的意见和建议而编写的。全书分为《大学物理》上册和下册，上册包括力学、振动、波与热学；下册包括电磁学、波动光学、相对论和量子物理学。编写过程中结合西安建筑科技大学华清学院教学实际,注意各部分知识之间的活化联系,力求理论完整,同时保持教材内容难度适宜。

本版《大学物理》上、下册共13章,其中第1章质点运动学、第2章质点动力学和第13章量子物理基础由西安建筑科技大学王占民老师编写;第8章静电场、第9章稳恒磁场及第10章电磁感应与电磁场由西安建筑科技大学柴瑞鹏老师编写;第6章气体动理论基础、第7章热力学基础及第12章狭义相对论力学基础由西安建筑科技大学华清学院郝丹辉老师编写;第3章刚体力学基础和第5章机械波由西安建筑科技大学华清学院张蕾老师编写;第4章机械振动基础和第11章波动光学基础由西安科技大学白冰老师编写。在编写过程中得到了西安建筑科技大学华清学院和西安建筑科技大学理学院物理系的大力支持,以及华中科技大学出版社工作人员特别是范莹编辑的支持与帮助,在此谨致以深切的谢意!

由于编者水平有限,书中难免存在疏漏及不足之处,恳请读者批评指正。

编　者

2022 年 4 月

目　　录

第1章 质点运动学

　　L 波段差分干涉 SAR 卫星(陆地探测一号 01 组,LT-1)是我国第一组以干涉为核心任务的 SAR 卫星星座,由 A、B 星组成,双星均配置 L 波段合成孔径雷达(SAR)载荷,具有全天时、全天候、多极化对地成像能力,可应用于地质、土地、地震、减灾、测绘、林业等领域。L 波段差分干涉 SAR 卫星 A 星于 2022 年 1 月 26 日在我国酒泉卫星发射中心成功发射,运行于 607 km 高度的准太阳同步轨道,搭载了先进的 L 波段多极化、多通道 SAR 载荷,具备多种成像模式,最高分辨率 3 m,最大观测幅宽可达 400 km。

　　作为 L 波段差分干涉 SAR 卫星的首颗星,A 星的成功发射标志着我国即将开启国产民用干涉 SAR 卫星支撑地质灾害防治新篇章。L 波段差分干涉 SAR 卫星采用双星编队飞行,具备双星绕飞与双星跟飞两种模式,利用干涉测高和差分形变测量技术,实现高精度、全天时、全天候地形测量、地表形变和地质灾害监测等任务,形成全球领先的地质灾害快速反应能力,为自然资源及相关行业提供重要数据与技术支撑。

L 波段差分干涉 SAR 卫星(陆地探测一号 01 组)

(图片、文字均来自国家自然资源卫星遥感云服务平台)

　　运动学是研究如何描述物体的空间位置随时间变化的关系,即如何表示一个物体的运动轨迹、运动快慢、运动变化等情况,不涉及物体运动状态变化的原因。

　　物体的运动是普遍的,也是绝对的,不存在完全不动的绝对静止的物体。运动的描述则是相对的。要确切描述某一个具体物体的位置及其随时间的变化,首先要选定某个其他物体做参照,观察物体相对于这个选定的参照物的位置及其随时间的变化。这种选来做参考的物体(及其延伸)称为**参考系**(reference frame)。

　　描述一个物体的运动时,参考系可以任意选择。选择两个不同的参考系来观察同一个物体的运动,其结果往往会有所不同。如在匀速运动的车厢内做自由落体运动的质点,在地面观察则做抛物线运动。

　　正是由于运动描述的相对性,凡是提到运动,都必须弄清楚是相对哪个参考系而言的。日常生活中的多数物体的运动描述,经常选取地面参考系。研究行星的运动则通常取太阳为参考系。恰当地选择参考系是个重要的问题,选取得当,会使问题的表述和研究变得方便、简洁。

　　为了定量地描述物体的位置及位置的变化,需要在参考系上建立适当的**坐标系**(coordinate system)。当物体沿直线运动时,往往以物体的轨迹直线为 x 轴,在直线上规定原点、正方向和单位长度,建立直线坐标系(轴)。常用的有直角坐标系、极坐标系、自然坐标系、球坐标系等。

　　本章首先介绍三种基本的运动形式——直线运动(第 1.1 节)、圆周运动(第 1.2 节)和抛体运动(第 1.3 节),然后由特殊到一般,讨论质点运动的一般描述:用矢量和坐标两种形式,讨论位置矢量、速度和加速度及其相互关系(第 1.4 节)。考虑到运动描述的相对性,第 1.5 节介绍相对运动及伽利略变换。

1.1　直　线　运　动

　　在某些情况下,我们可以忽略物体的大小和形状,而保留"物体具有质量"这个要素,把物体简化为一个有质量的点,这样的点称为"**质点**"(mass point);在另外一些情况下,我们虽然不能忽略物体的大小和形状,把研究对象看作一个点状的物体,但是可以用其上任意一点的运动来代替整个物体的运动,于是整个物体的运动也可以用其上任意一个点的运动来描述。

　　一个物体能否看成质点,是由研究问题的性质决定的。

　　本章所讨论的物体,一般均可看作质点,物体和质点不做区分。事实上在运动学的讨论中,一般并不需要质量这一概念,质点可当作一个几何学上的点对待,某一时刻占据一个空间位置。

　　如果一个物体的运动轨迹为直线,则称该物体在做直线运动。牛顿第一定律告诉我们,在惯性参照系中一个不受任何作用的物体的运动是匀速直线运动(或者静止);自由落体运动、竖直上抛运动都是直线运动。尽管一般物体的运动轨迹都是空间曲线,但在一段比较短的时间内,局部的运动大多可以近似为直线运动。所以,直线运动是运动学的基础。

对于直线运动,空间直角坐标系就简化为数轴。选取运动轨迹所在直线为 x 轴,并确定 x 轴的坐标原点和正方向,则物体在任一时刻 t 的位置就可以用相应的坐标 x 来表示:

$$x = x(t) \tag{1-1}$$

式(1-1)称为物体的运动方程。知道了物体的运动方程,就可以通过求导数得到物体的速度,即

$$v = \frac{\mathrm{d}x}{\mathrm{d}t} \tag{1-2}$$

类似地,可以通过求导数由速度得到物体的加速度,即

$$a = \frac{\mathrm{d}v}{\mathrm{d}t} \tag{1-3}$$

速度描述了物体运动的快慢,加速度则描述了物体速度变化的快慢。一般而言, x、v、a 都是时间 t 的函数。由位置求速度,或者由速度求加速度,是导数运算;由加速度求速度,或者由速度求位置,则是积分运算。

$$x = x_0 + \int_0^t v \mathrm{d}t \tag{1-4}$$

$$v = v_0 + \int_0^t a \mathrm{d}t \tag{1-5}$$

式中: x_0、v_0 表示起始时刻的位置坐标和速度。

在某些情况下,加速度用位置坐标 x 的函数表示更方便。这种情况下,通过积分运算中的换元法,可以由加速度通过积分运算求得速度。

$$a = \frac{\mathrm{d}v}{\mathrm{d}t} = \frac{\mathrm{d}v}{\mathrm{d}t} \cdot \frac{\mathrm{d}x}{\mathrm{d}x} = v \cdot \frac{\mathrm{d}v}{\mathrm{d}x}$$

$$v \mathrm{d}v = a \mathrm{d}x$$

$$v^2 - v_0^2 = 2 \int_{x_0}^x a \mathrm{d}x \tag{1-6}$$

匀变速直线运动(加速度 a 为常量)是一般直线运动的特例,速度 v、位置坐标 x 与加速度 a 具有以下关系:

$$v = v_0 + at$$

$$x = x_0 + v_0 t + \frac{1}{2}at^2$$

$$v^2 - v_0^2 = 2a(x - x_0) = 2as$$

【例 1-1】　如图 1-1 所示,湖中有一小船,岸边有人用不可伸长的轻绳通过高处的光滑滑轮拉船靠岸,已知人收绳的速率为 v_0(恒定不变),河岸高度为 h。刚开始时

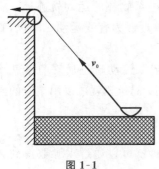

图 1-1

绳子长度为 l_0。求小船的速度和加速度。

解　沿着湖面水平向右建立坐标轴,选取岸边为坐标原点。任意时刻 t 小船的位置坐标用 $x(t)$ 表示。显然 $x(t)$ 始终满足:

$$x^2 + h^2 = l^2 \tag{1}$$

上式两边关于时间 t 求导数,可得

$$2x\frac{\mathrm{d}x}{\mathrm{d}t} = 2l\frac{\mathrm{d}l}{\mathrm{d}t} \tag{2}$$

即

$$v = \frac{l}{x} \cdot \frac{\mathrm{d}l}{\mathrm{d}t} = -\frac{lv_0}{x} = -\frac{v_0}{\cos\theta} = -\frac{l_0 - v_0 t}{\sqrt{(l_0 - v_0 t)^2 - h^2}} \cdot v_0 \tag{3}$$

可以看出,小船速度越来越大,小船做变速运动。负号表示小船运动方向向左,与设定坐标轴正方向相反。

对式(2)两边再次关于时间求导,可得

$$\left(\frac{\mathrm{d}x}{\mathrm{d}t}\right)^2 + x\frac{\mathrm{d}^2 x}{\mathrm{d}t^2} = \left(\frac{\mathrm{d}l}{\mathrm{d}t}\right)^2 = v_0^2$$

故加速度 $a = \dfrac{\mathrm{d}^2 x}{\mathrm{d}t^2} = \dfrac{v_0^2 - v^2}{x}$。

将式(3)结果代入上式,有

$$a = \frac{v_0^2 - \left(\dfrac{lv_0}{x}\right)^2}{x} = \frac{x^2 v_0^2 - (lv_0)^2}{x^3} = -\frac{h^2 v_0^2}{x^3} = -\frac{h^2 v_0^2}{\left[(l_0 - v_0 t)^2 - h^2\right]^{\frac{3}{2}}}$$

可以看出,物体的加速度越来越大,物体向左做加速运动。

还可以看出,在本题中,用位置坐标 x 而不是时间 t 作为自变量表示速度和加速度,更简单直观。

【例 1-2】　蚂蚁离开巢穴沿直线爬行,它的速度与到巢穴中心的距离成反比。当蚂蚁爬到距离巢穴中心 1 m 的 A 点处时的速度是 2 cm/s。试问蚂蚁继续由 A 点爬到距巢穴中心 2 m 的 B 点需要多长时间?

解　蚂蚁的运动为变速直线运动。取蚂蚁的运动轨迹所在直线为 x 轴,运动方向为参考正方向,坐标原点选取蚂蚁的巢穴处。任意时刻 t 蚂蚁的位置用坐标 $x(t)$ 表示。把蚂蚁由 A 点爬到 B 点的整个运动过程划分为无数个小段,每一个小段都可看作匀速运动,位移为 $\mathrm{d}x$,时间为 $\mathrm{d}t = \dfrac{\mathrm{d}x}{v}$,运用积分法即可解。

根据题意,

$$v = \frac{\mathrm{d}x}{\mathrm{d}t} = \frac{k}{x}$$

当 $x=1$ m 时,速度 $v=0.02$ m/s,故 $k=0.02$ m²/s。

$$v=\frac{\mathrm{d}x}{\mathrm{d}t}=\frac{0.02}{x}$$

$$\mathrm{d}t=50x\mathrm{d}x$$

$$\int_0^t \mathrm{d}t=\int_1^2 50x\mathrm{d}x=25x^2\,\big|_1^2=75\text{ s}$$

【例 1-3】　一小汽车沿笔直公路(设为 x 轴)前行,因为空气阻力的存在,小汽车做减速运动,其加速度 $a=-kv^2$,式中 k 为正常数。设时间 $t=0$ 时,小汽车的初始位置为 $x=0$,初始速度为 $v=v_0$。(1) 求速度 v,位置坐标 x 关于时间 t 的函数表示式;(2) 求速度 v 作为位置坐标 x 的函数表示式。

解　(1) 因为 $\dfrac{\mathrm{d}v}{\mathrm{d}t}=-kv^2$,则有

$$\int\frac{\mathrm{d}v}{v^2}=\int-k\cdot\mathrm{d}t$$

积分得

$$-\frac{1}{v}=-kt+c$$

代入初始条件 $t=0$ 时,$v=v_0$ 后,确定常数 $c=-1/v_0$,从而可得

$$\frac{1}{v}=\frac{1}{v_0}+kt$$

也就是,

$$v=\frac{v_0}{1+v_0kt}$$

再根据 $v=\dfrac{\mathrm{d}x}{\mathrm{d}t}$,有 $\mathrm{d}x=v\mathrm{d}t$,代入初始条件,进行积分

$$\int_0^x\mathrm{d}x=\int_0^t\frac{v_0}{1+v_0kt}\mathrm{d}t$$

可得

$$x=\frac{1}{k}\ln(v_0kt+1)$$

(2) 应用积分换元法,$\dfrac{\mathrm{d}v}{\mathrm{d}t}=\dfrac{\mathrm{d}v}{\mathrm{d}x}\dfrac{\mathrm{d}x}{\mathrm{d}t}=v\dfrac{\mathrm{d}v}{\mathrm{d}x}=-kv^2$,可得

$$-k\mathrm{d}x=\frac{\mathrm{d}v}{v}$$

代入初始条件,进行积分可得

$$-kx=\ln\frac{v}{v_0}$$

$$v=v_0\mathrm{e}^{-kx}$$

1.2　圆周运动

圆周运动是一种比较常见的运动形式。钟表指针的运动是圆周运动;汽车方向盘上任一点的运动都是圆周运动,车轮绕着轮轴中心的运动也是圆周运动;地球围绕太阳的周期性公转运动近似为圆周运动;电动机转子的运动是圆周运动。圆周运动是平面曲线运动,可以用平面直角坐标系来描述和讨论,但用极坐标系讨论则更加方便。

选取圆周运动的圆心为坐标原点,沿任意方向的射线为参考方向,物体的初始位置可用角坐标(角位置)θ_0 来表示,对应时刻 t 的角位置则用 θ 来表示。$\theta = \theta(t)$ 就是用角位置(坐标)表示物体的运动方程。

对 θ 关于时间求导数,得到物体运动的角速度,用符号 ω 表示,单位为弧度/秒(rad/s)。

$$\omega = \frac{\mathrm{d}\theta}{\mathrm{d}t} \tag{1-7}$$

很多时候,也用转速来表示物体转动的快慢。转速的含义是每分钟物体转过的圈数。转速常用符号 n 表示,单位是转/分钟(r/min)。目前家用轿车的仪表盘上标示发动机运转的快慢用的就是转速;计算机硬盘在工作时也处于高速旋转状态,转速一般为 7200 r/min。转速 n 可通过下面公式转化为角速度 ω:

$$\omega = \frac{2\pi}{60} \cdot n = \frac{\pi}{30} \cdot n \tag{1-8}$$

区别于角速度,物体的速度也称为线速度。做圆周运动的物体,角速度与线速度的关系是

$$v = R\omega \tag{1-9}$$

式中:R 为物体圆周运动的半径,表示运动物体到参考点(圆心)的距离。

当物体做匀速圆周运动时,速度的大小(速率)保持不变,但方向不断变化,所以速度不是常量,加速度不为零。物体的加速度始终指向圆心,称为向心加速度,用符号 a_n 来表示,即

$$a_n = \frac{v^2}{R} = R\omega^2 = v\omega \tag{1-10}$$

当物体做变速圆周运动时,速度既有方向的变化,也有大小的变化,加速度可以正交分解为沿着圆周切向的分量和指向圆心的分量。前者称为切向加速度,表示物体速度大小的变化率,用符号 a_τ 来表示;后者称为向心加速度,表示物体速度方向的变化率,用符号 a_n 来表示。

$$a_\tau = \frac{\mathrm{d}v}{\mathrm{d}t} = R\frac{\mathrm{d}\omega}{\mathrm{d}t} = R\beta \tag{1-11}$$

式中：β 为角加速度，表示物体角速度的变化率，单位为 rad/s^2。

合成加速度是切向加速度和向心加速度的矢量和。

$$a=\sqrt{a_\tau^2+a_n^2}=\sqrt{\left(\frac{\mathrm{d}v}{\mathrm{d}t}\right)^2+R^2\omega^4}=\sqrt{\left(\frac{\mathrm{d}v}{\mathrm{d}t}\right)^2+\left(\frac{v^2}{R}\right)^2} \qquad (1\text{-}12)$$

一般地，把 θ、ω 和 β 称为角量；把 v、a_n 和 a_τ 称为线量。圆周运动的描述既可以用角量，也可以用线量。式(1-7)、式(1-8)、式(1-9)描述了圆周运动角量与线量之间的关系。

如果是匀变速圆周运动，则有

$$\omega=\omega_0+\beta t$$

$$\theta=\theta_0+\omega t+\frac{1}{2}\beta t^2$$

$$\omega^2-\omega_0^2=2\beta(\theta-\theta_0)$$

以上关于圆周运动的基本知识，是后续讨论刚体定轴转动的基础。事实上做定轴转动的刚体上的任一质量微元，都是在做圆周运动。

一般平面曲线运动，可用极坐标系来讨论。极坐标系下物体的位置用两个参数 r、θ 来描述，分别称为极径和极角。其中 r 表示物体到参考点（坐标原点 O）的距离，θ 表示极径与选定的从坐标原点 O 发出的参考射线所成的角。在极坐标系，物体的速度可正交分解为沿着 r 增大方向的径向速度 v_r 和沿着 θ 增大方向的角向速度 v_θ。

$$v_r=\frac{\mathrm{d}r}{\mathrm{d}t}, \qquad v_\theta=r\frac{\mathrm{d}\theta}{\mathrm{d}t} \qquad (1\text{-}13)$$

合成速度的方向总是沿着轨迹曲线的切向。

类似地，物体的加速度也可正交分解为沿着 r 增大方向的径向（法向）加速度 a_r 和沿着 θ 增大方向的角向（切向）加速度 a_θ。

$$a_r=\frac{\mathrm{d}^2r}{\mathrm{d}t^2}-r\left(\frac{\mathrm{d}\theta}{\mathrm{d}t}\right)^2, \qquad a_\theta=r\frac{\mathrm{d}^2\theta}{\mathrm{d}t^2}+2r\frac{\mathrm{d}r}{\mathrm{d}t}\cdot\frac{\mathrm{d}\theta}{\mathrm{d}t} \qquad (1\text{-}14)$$

合成加速度总是指向轨迹曲线凹的一侧。

【例 1-4】　六个小朋友在操场上玩追逐游戏。开始时，六个小朋友两两间距离相等，构成一正六边形。然后每个小朋友均以不变的速率 v_0 追赶前面的小朋友（即小朋友 1 追 2，2 追 3，…，6 追 1)，在此过程中，每个小朋友的运动方向总是指向其前方的小朋友。已知游戏开始时刻相邻两个小朋友的距离为 l，如图 1-2 所示。试问：

（1）游戏开始后经过多长时间后面的小朋友可追到前面的小朋友？

（2）从开始游戏直至追上前面的小朋友，每个小朋友跑了多少路程？

（3）游戏开始时刻，每个小朋友的加速度大小是

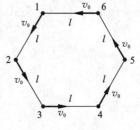

图 1-2

多少?

解　游戏过程中,六个小朋友始终处于一个旋转得越来越小的正六边形的六个顶点上。考虑六边形任意一个顶点的运动,速度矢量都可以正交分解为指向中心点的速度 v_n(对应六边形的缩小)和垂直于中心连线的速度 v_τ(对应六边形的转动),有

$$v_n = v_0 \sin 30° = \frac{v_0}{2}, \quad v_\tau = v_0 \cos 30° = \frac{\sqrt{3}}{2} v_0$$

(1)游戏开始后后面的小朋友追到前面的小朋友,对应正六边形缩小为一个点,所需时间为

$$t = \frac{l}{v_n} = \frac{2l}{v_0}$$

(2)整个过程中每个小朋友都是匀速曲线运动,跑过的路程

$$s = v_0 t = 2l$$

(3)运动过程中每个小朋友都在做平面曲线运动,加速度既有指向中心点的向心分量 a_n,还有切向分量 a_τ。根据公式(1-14),可知在游戏开始时刻

$$a_n = \frac{v_\tau^2}{l} = \frac{3v_0^2}{4l}$$

$$a_\tau = \frac{\mathrm{d}v_\tau}{\mathrm{d}t} + \frac{\mathrm{d}r}{\mathrm{d}t} \cdot \frac{\mathrm{d}\theta}{\mathrm{d}t} = v_n \cdot \frac{v_\tau}{l} = \frac{v_0}{2} \cdot \frac{\sqrt{3}v_0}{2l} = \frac{\sqrt{3}v_0^2}{4l}$$

合成加速度的大小为 $a = \sqrt{a_n^2 + a_\tau^2} = \frac{\sqrt{3}}{2}\frac{v_0^2}{l}$。

1.3　抛体运动

从地面上以某一初速度将物体抛出后,物体在竖直平面内的运动称为抛体运动。不计空气阻力时,物体整个运动过程中仅受重力的作用,其加速度就是重力加速度,所以这是一种匀变速运动。抛体运动是竖直平面内的平面曲线运动,可正交分解为水平方向的匀速运动和竖直方向的匀变速运动,因此一般用平面直角坐标系 xOy 来描述。选取 x 轴沿水平方向(使初始速度投影为正),y 轴沿竖直方向(正方向是向上还是向下均可,以下公式选正方向是向上),有

$$a_x = \frac{\mathrm{d}v_x}{\mathrm{d}t} = 0$$

$$a_y = \frac{\mathrm{d}v_y}{\mathrm{d}t} = -g$$

积分得

$$v_x = v_0 \cos\alpha \tag{1-15}$$

$$v_y = v_0 \sin\alpha - gt \tag{1-16}$$

式中：v_0 为物体被抛出时的初始速度；α 为抛射角（初始速度与其水平方向投影的夹角）。对上面两式分别积分可得物体位置坐标随时间变化的函数关系：

$$x = v_0 \cos\alpha \cdot t \tag{1-17}$$

$$y = v_0 \sin\alpha \cdot t - \frac{1}{2}gt^2 \tag{1-18}$$

上面两式即是物体的运动方程（假设抛出点为坐标原点 O）。

从式(1-17)中解得时间 t，代入式(1-18)，即得物体的轨迹方程。物体的运动轨迹为抛物线，满足

$$y = \tan\alpha \cdot x - \frac{gx^2}{2v_0^2\cos^2\alpha} \tag{1-19}$$

抛体运动按照抛出点高度、初速度大小、抛射角的不同，可分为自由落体运动、竖直上抛运动、平抛运动和斜抛运动。前两类为匀变速直线运动，后两类为平面匀变速曲线运动。

【例 1-5】　一个物体以初速度 v_0 竖直抛出，假设物体因为空气阻力的作用，使得其加速度与其速度大小的关系为 $a = -(g+kv)$（g 为重力加速度，k 为正常数）。求物体的运动方程。

解　物体做变速直线运动。取抛出点为坐标原点 O，竖直向上为 y 轴正方向。根据加速度的定义

$$a = -(g+kv) = \frac{\mathrm{d}v}{\mathrm{d}t}$$

即

$$-\mathrm{d}t = \frac{\mathrm{d}v}{g+kv}$$

积分可得

$$-t = \int_{v_0}^{v} \frac{\mathrm{d}v}{g+kv} = \frac{1}{k}\ln\frac{g+kv}{g+kv_0}$$

可知速度随时间的变化关系

$$v(t) = \frac{1}{k}\left[(g+kv_0)\mathrm{e}^{-kt} - g\right] = \frac{\mathrm{d}y}{\mathrm{d}t} \tag{1}$$

当常数 k 取零时，上式即简化为 $v(t) = v_0 + gt$。

对式(1)再次积分，即得到物体的运动方程：

$$y = \int_0^t \frac{1}{k}\left[(g+kv_0)\mathrm{e}^{-kt} - g\right]\mathrm{d}t = -\frac{1}{k}\left[\frac{(g+kv_0)}{k}\mathrm{e}^{-kt} + gt\right]$$

该题属于质点运动学的第二类问题。

【例 1-6】　炮车从掩体内向外发射炮弹，假设掩体为与水平地面夹角为 α（α 为锐角）的斜面，炮车位置 O 与掩体顶点 A 的水平距离为 l，如图 1-3 所示。已知炮弹的初速度为 v_0，求炮弹的最大射程。

解　炮弹的运动为斜抛运动。以炮车位置为坐标原点，平行于掩体面方向向外

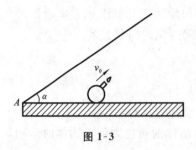

图 1-3

为 x 轴正方,y 轴斜向上与掩体面垂直。可以将炮弹的运动做正交分解。

$$v_{0y} = v_0 \sin(\theta - \alpha), \quad a_y = -g\cos\alpha$$

其中,θ 为发射倾角。

假设炮弹的运动轨迹恰好与掩体面相切,设相切点为 P,则 P 点的 y 坐标满足

$$y_P = l\sin\alpha = \frac{v_{0y}^2}{-2a_y} = \frac{v_0^2 \sin^2(\theta - \alpha)}{2g\cos\alpha}$$

即

$$v_0^2 \sin^2(\theta - \alpha) = gl\sin 2\alpha \tag{1}$$

分情况讨论如下:

(1) 炮弹初速度较小,$v_0 < \sqrt{gl\sin 2\alpha}$,式(1)无实数解。这种情况下,炮弹飞行时不会碰到掩体,故当发射角 $\theta = \dfrac{\pi}{4}$ 时,炮弹射程最大,最大射程为

$$L_{\max} = \frac{v_0^2 \sin 2\theta}{g} = \frac{v_0^2 \sin\left(\dfrac{\pi}{2}\right)}{g} = \frac{v_0^2}{g}$$

(2) 炮弹初速度较大,$v_0 \geqslant \sqrt{gl\sin 2\alpha}$。由式(1)可知,当发射倾角满足 $\theta = \alpha + \arcsin\dfrac{\sqrt{gl\sin 2\alpha}}{v_0}$ 时,炮弹轨迹与掩体相切。因此,如果 $\theta \geqslant \dfrac{\pi}{4}$,只要取炮弹发射倾角 $\theta = \dfrac{\pi}{4}$,炮弹即可取得最大射程 $L_{\max} = \dfrac{v_0^2}{g}$;

如果 $\theta < \dfrac{\pi}{4}$,则炮弹的发射角应取 $\theta = \alpha + \arcsin\dfrac{\sqrt{gl\sin 2\alpha}}{v_0}$(对应炮弹轨迹与掩体面相切,炮车取可能的最大发射倾角,发射倾角小于 $\dfrac{\pi}{4}$),炮弹的最大射程为

$$L_{\max} = \frac{v_0^2}{g}\sin 2\left(\alpha + \arcsin\frac{\sqrt{gl\sin 2\alpha}}{v_0}\right)$$

1.4　质点运动的一般描述

1.4.1　物体运动的矢量描述

如图 1-4 所示,在参照物上确定一点作为物体运动的参考点,一般用字母 O 表示。以 O 为起点、以物体所在位置 P 为终点的空间矢量,称为物体的位置矢量,用 r 表示。位置矢量的大小为 O、P 两点之间的空间距离;位置矢量的方向一般用矢量的

方位角来表示。在物体运动的过程中,位置矢量随时间的变化关系为

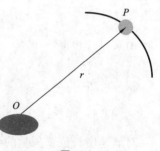

$$r = r(t) \tag{1-20}$$

式(1-20)称为物体的运动方程。

显然,O 点(参照物)选择不同,位置矢量的大小和方向往往都会随之改变。

物体的运动方程确定了任一时刻物体的位置,完全不同于物体的轨迹方程。所谓轨迹方程,是指物体运动过程中经过的空间点的集合。知道了物体的轨迹方程,并不能确定任一时刻物体的具体位置,自然也不能确定物体的速度和加速度。

图 1-4

速度表示物体运动的快慢和运动的方向,用符号 v 表示。任意时刻,物体的速度定义为位置矢量关于时间 t 的导数,即

$$v = \frac{\mathrm{d}r}{\mathrm{d}t} \tag{1-21}$$

速度矢量的单位为米/秒,符号 m/s。

速度矢量的大小称为速率,用来描述物体运动的快慢;速度矢量的方向总是沿着轨迹曲线相应点的切线方向。

加速度表示物体速度变化的快慢和方向,用符号 a 表示。任意时刻,物体的加速度定义为速度矢量关于时间 t 的导数,即

$$a = \frac{\mathrm{d}v}{\mathrm{d}t} \tag{1-22}$$

加速度矢量的单位为米²/秒,符号 m²/s。

加速度矢量的方向未必和速度矢量的方向相同,在曲线运动中加速度矢量的方向总是指向轨迹曲线凹的一侧;如果加速度矢量与速度矢量的夹角为锐角,则物体做加速运动;如果加速度矢量与速度矢量的夹角为钝角,则物体做减速运动。

知道了物体的运动方程,通过求导数即可求得物体的速度;知道了物体的速度随时间的变化关系,通过求导数即可求得物体的加速度。这一类问题称为运动学的第一类问题。

当已知物体运动的加速度(如通过动力学方法确定物体的加速度)时,通过积分的方法可求得物体的速度,类似地也可以求得物体的运动方程。这一类问题称为运动学的第二类问题。

由式(1-22)得

$$a\mathrm{d}t = \mathrm{d}v$$

积分可得

$$v = v_0 + \int_0^t a\mathrm{d}t \tag{1-23}$$

由式(1-21)得

$$\mathrm{d}r = v\mathrm{d}t$$

积分可得

$$r = r_0 + \int_0^t v\mathrm{d}t \tag{1-24}$$

对加速度与位置矢量的微分做数量积,即

$$a \cdot \mathrm{d}r = \frac{\mathrm{d}v}{\mathrm{d}t} \cdot \mathrm{d}r = v \cdot \mathrm{d}v$$

积分可得

$$v^2 = v_0^2 + \int_{r_0}^r 2a \cdot \mathrm{d}r \tag{1-25}$$

其中,$v^2 = v \cdot v$,对 $v^2 = v \cdot v$ 两边求微分即可得 $v\mathrm{d}v = v \cdot \mathrm{d}v$。对于任何矢量(不限于速度),这一等式都是成立的。

1.4.2　物体运动的直角坐标表示

在直角坐标系 $O\text{-}xyz$ 中,位置矢量 r 可表示为

$$r = xi + yj + zk \tag{1-26}$$

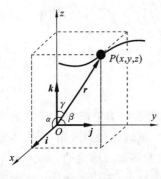

图 1-5

其中,矢量 i、j、k 为方向分别沿着 x 轴、y 轴、z 轴正方向的单位矢量(大小等于 1),如图 1-5 所示。

位置矢量 r 的大小用符号 $|r|$ 或者 r 表示:

$$|r| = \sqrt{x^2 + y^2 + z^2} \tag{1-27}$$

位置矢量 r 的方向可以用方向余弦来表示:

$$\cos\alpha = \frac{x}{r}, \quad \cos\beta = \frac{y}{r}, \quad \cos\gamma = \frac{z}{r}$$

在直角坐标系中,速度矢量 v 可表示为

$$v = \frac{\mathrm{d}x}{\mathrm{d}t}i + \frac{\mathrm{d}y}{\mathrm{d}t}j + \frac{\mathrm{d}z}{\mathrm{d}t}k = v_x i + v_y j + v_z k \tag{1-28}$$

速度矢量 v 的大小用符号 $|v|$ 或者 v 表示

$$|v| = \sqrt{v_x^2 + v_y^2 + v_z^2} \tag{1-29}$$

在直角坐标系中,加速度矢量 a 可表示为

$$a = \frac{\mathrm{d}v_x}{\mathrm{d}t}i + \frac{\mathrm{d}v_y}{\mathrm{d}t}j + \frac{\mathrm{d}v_z}{\mathrm{d}t}k = \frac{\mathrm{d}^2 x}{\mathrm{d}t}i + \frac{\mathrm{d}^2 y}{\mathrm{d}t}j + \frac{\mathrm{d}^2 z}{\mathrm{d}t}k = a_x i + a_y j + a_z k \tag{1-30}$$

类似地,速度矢量 v 和加速度矢量 a 的方向也可以用方向余弦来表示。

1.4.3　物体运动的自然坐标表示

在物体运动轨迹上任选一点作为坐标原点 O，选取一侧作为正方向（另一侧则作为负方向），用弧长 s 表示运动物体的位置。弧长 s 随时间的变化关系为

$$s = s(t) \tag{1-31}$$

式(1-31)为物体的运动方程。

速度矢量可以表示为

$$\boldsymbol{v} = \frac{\mathrm{d}s}{\mathrm{d}t}\boldsymbol{\tau} \tag{1-32}$$

其中，单位矢量 $\boldsymbol{\tau}$ 沿着轨迹点的切线方向。

弧长 s 关于时间的导数即物体的速率 $v = \dfrac{\mathrm{d}s}{\mathrm{d}t}$。

物体的加速度可分解为切向加速度 $\boldsymbol{a}_\tau = a_\tau \boldsymbol{\tau}$ 和法向加速度 $\boldsymbol{a}_n = a_n \boldsymbol{n}$。切向加速度的方向总是沿着轨迹点的切线，法向加速度的方向总是垂直于轨迹点的切线，并且总是指向轨迹凹的一侧。

$$\boldsymbol{a} = \frac{\mathrm{d}\boldsymbol{v}}{\mathrm{d}t} = \frac{\mathrm{d}(v\boldsymbol{\tau})}{\mathrm{d}t} = \frac{\mathrm{d}v}{\mathrm{d}t}\boldsymbol{\tau} + v\frac{\mathrm{d}\boldsymbol{\tau}}{\mathrm{d}t} = \frac{\mathrm{d}v}{\mathrm{d}t}\boldsymbol{\tau} + \frac{v^2}{\rho}\boldsymbol{n} = a_\tau\boldsymbol{\tau} + a_n\boldsymbol{n}$$

切向加速度表示速度大小的变化率，即

$$a_\tau = \frac{\mathrm{d}v}{\mathrm{d}t} \tag{1-33}$$

法向加速度表示速度方向的变化率，即

$$a_n = \frac{v^2}{\rho} \tag{1-34}$$

式中：ρ 表示轨迹点的曲率半径。曲率半径（或者曲率）表示局部轨迹的弯曲程度。轨迹局部越弯曲，曲率半径越小（曲率则越大）。

单位矢量 $\boldsymbol{\tau}$ 和 $\boldsymbol{n}$ 都不是常矢量，而是和位置有关的。位置不同，矢量的方向也不同。

1.5　相　对　运　动

对物体运动的描述总是相对于某一选定参照系的。研究天体（如行星）的运动可以选择地球作为参照系，也可以选择太阳作为参照系。处于封闭船舱中的人看周围物体的运动往往以船舱为参照，而整个轮船相对于河岸（陆地）则在运动。

在日常运动现象的描述中，往往将地面参照系称为绝对（静止）参照系，将相对于地面运动的汽车、火车、轮船、飞机等称为相对（运动）参照系。研究对象相对于绝对参照系的运动称为绝对运动，研究对象相对于运动参照系的运动称为相对运动。一

般地，有

$$r = r' + r_{O'} \tag{1-35}$$

式中：r、$r_{O'}$ 分别表示研究对象、运动参照系(看作质点时，以 O' 作为标记；不能看作质点时，如旋转参照系，则取其上一点)相对于同一绝对参照系(如地面，以 O 作为标记)的位置矢量；r' 表示研究对象相对于运动参照系(如相对地面运动的火车)的位置矢量。

对式(1-35)两边关于时间求导数，可得

$$v = v' + v_{O'} \tag{1-36}$$

即绝对速度(v)等于相对速度(v')+牵连速度($v_{O'}$，运动参考系相对于绝对参照系的运动速度)。其中绝对速度和牵连速度必须是相对同一(静止)参照系的。

类似地，对式(1-36)两边关于时间求导数，可得

$$a = a' + a_{O'} \tag{1-37}$$

式(1-35)、式(1-36)和式(1-37)称为伽利略变换。在直角坐标系中，伽利略变换的分量形式为

$$\begin{cases} x = x' + x_{O'} \\ y = y' + y_{O'} \\ z = z' + z_{O'} \end{cases} \tag{1-38}$$

$$\begin{cases} v_x = v'_x + v_{xO'} \\ v_y = v'_y + v_{yO'} \\ v_z = v'_z + v_{zO'} \end{cases} \tag{1-39}$$

$$\begin{cases} a_x = a'_x + a_{xO'} \\ a_y = a'_y + a_{yO'} \\ a_z = a'_z + a_{zO'} \end{cases} \tag{1-40}$$

以上速度变换和加速度变换，只能适用于运动参照系是平动参照系的情况。对于运动参照系包含转动的情况，牵连运动与研究对象的相对位置有关，速度变化特别是加速度变换更复杂，以上变换关系并不适用。

【例 1-7】 如图 1-6 所示，质点 P_1 以 v_1 由 A 向 B 做匀速运动，同时点 P_2 以速度 v_2 从 B 指向 C 做匀速运动，已知 $AB = l$，$\angle ABC = \alpha$ 且为锐角，试确定在何时刻 t，$P_1 P_2$ 的间距最短，最短距离为多少？

解 以质点 A 为参考，研究质点 B 的相对运动。考虑到两点之间的距离与参照系无关，相对距离的最小值即题目需要求解的最短距离。

B 相对于 A 的运动也是匀速直线运动，设 B 的相对速度(运动)方向与 BA 连线的夹角为 θ，显然有

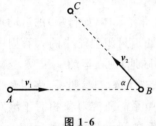

图 1-6

$$l_{\min}=l\sin\theta=l\,\frac{v_2\sin\alpha}{\sqrt{v_1^2+v_2^2+2v_1v_2\cos\alpha}}$$

$$t=\frac{l\cos\theta}{v'}=\frac{l(v_1+v_2\cos\alpha)}{v_1^2+v_2^2+2v_1v_2\cos\alpha}$$

式中:v'表示质点 B 相对质点 A 的运动速度。

【例 1-8】 如图 1-7 所示,AA_1 和 BB_1 是两根光滑的细直杆,并固定于天花板上,绳的一端拴在天花板上的 B 点,另一端拴在套于 AA_1 杆上的珠子 D 上,另有一个珠子 C 穿过绳及杆 BB_1 以速度 V_1 匀速下落,而珠子 D 则以一定速度沿杆上升。当图中角度为 α 时,珠子 D 上升的速度 V_2 为多大?

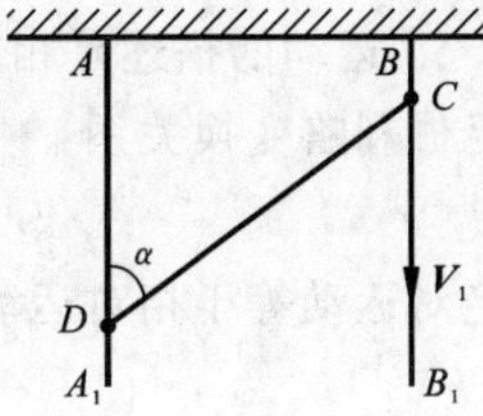

解 首先以匀速下降的珠子 C 为参考系,天花板以恒定的速度 V_1 上升,考虑到绳子总是绷直的,珠子 D 上升的速度投影到绳子方向也是 V_1,即

$$V_2'\cos\alpha=V_1,\quad V_2'=\frac{V_1}{\cos\alpha}$$

再回到地面参照系,即可求得珠子 D 上升的速度为

图 1-7

$$V_2=V_2'+(-V_1)=\frac{V_1}{\cos\alpha}-V_1=V_1\,\frac{1-\cos\alpha}{\cos\alpha}$$

本 章 小 结

(1)质点运动学讨论的是物体的位置 $\boldsymbol{r}$、速度 $\boldsymbol{v}$、加速度 $\boldsymbol{a}$ 及其关系

$$\boldsymbol{v}=\frac{\mathrm{d}\boldsymbol{r}}{\mathrm{d}t},\quad \boldsymbol{a}=\frac{\mathrm{d}\boldsymbol{v}}{\mathrm{d}t}\quad(\text{运动学第一类问题})$$

$$\boldsymbol{v}=\boldsymbol{v}_0+\int_0^t\boldsymbol{a}\mathrm{d}t,\quad \boldsymbol{r}=\boldsymbol{r}_0+\int_0^t\boldsymbol{v}\mathrm{d}t,\quad v^2=v_0^2+\int_{\boldsymbol{r}_0}^{\boldsymbol{r}}2\boldsymbol{a}\cdot\mathrm{d}\boldsymbol{r}\quad(\text{运动学第二类问题})$$

(2)直线运动是最简单、最基本的运动,直角坐标系简化为数轴,物体的位置用 $x=x(t)$ 来表示,以上关系式简化为

$$v=\frac{\mathrm{d}x}{\mathrm{d}t},\quad a=\frac{\mathrm{d}v}{\mathrm{d}t}$$

$$v=v_0+\int_0^t a\mathrm{d}t,\quad x=x_0+\int_0^t v\mathrm{d}t,\quad v^2-v_0^2=2\int_{x_0}^x a\mathrm{d}x$$

(3)圆周运动是典型的平面曲线运动,用角量(角位置 θ、角速度 ω、角加速度 β)来描述更方便:

$$\omega=\frac{\mathrm{d}\theta}{\mathrm{d}t},\quad \beta=\frac{\mathrm{d}\omega}{\mathrm{d}t}$$

一般圆周运动的加速度可分解为向心加速度和切向加速度,线量与角量的关系为

$$v = R\omega, \quad a_n = \frac{v^2}{R} = R\omega^2 = v\omega, \quad a_\tau = \frac{\mathrm{d}v}{\mathrm{d}t} = R\frac{\mathrm{d}\omega}{\mathrm{d}t} = R\beta$$

(4) 抛体运动是另一种典型的平面曲线运动,可分解为水平方向的匀速运动和竖直方向的匀变速运动。

$$x = v_0\cos\alpha \cdot t, \quad y = v_0\sin\alpha \cdot t - \frac{1}{2}gt^2$$

物体的运动轨迹为抛物线,满足

$$y = \tan\alpha \cdot x - \frac{gx^2}{2v_0^2\cos^2\alpha}$$

5. 运动的描述是相对的,两个相互做平动的不同参照系对同一物体运动的描述满足伽利略变换关系:

$$\boldsymbol{r} = \boldsymbol{r}' + \boldsymbol{r}_{O'}, \quad \boldsymbol{v} = \boldsymbol{v}' + \boldsymbol{v}_{O'}, \quad \boldsymbol{a} = \boldsymbol{a}' + \boldsymbol{a}_{O'}$$

即绝对运动等于相对运动加牵连运动。

思 考 题

1.1 下面几个质点运动学方程,哪个是匀变速直线运动?

(1) $x = 3t - 4$;　　　　　　　　(2) $x = -6t^3 + 3t^2 + 4$;

(3) $x = -2t^2 + 8t + 16$;　　　　(4) $x = 2/t^2 - 5/t$。

给出这个匀变速直线运动在 $t = 3$ s 时的速度和加速度,并说明该时刻运动是加速还是减速(x 单位为 m,t 单位为 s)。

1.2 甲、乙两车在平直公路上同向行驶,其 v-t 图像如图 1-8 所示。已知两车在 $t = 3$ s 时并排行驶,则(　　　)。

A. 当 $t = 1$ s 时,甲车在乙车后

B. 当 $t = 0$ 时,甲车在乙车前 7.5 m

C. 两车另一次并排行驶的时刻是 $t = 2$ s

D. 甲、乙车两次并排行驶的位置之间沿公路方向的距离为 40 m

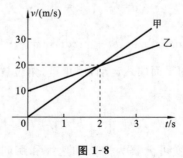

图 1-8

1.3　假设有一只老鼠在圆形的湖边碰到猫,它想回洞已来不及,只好跳入湖中(假设猫不会游泳)。已知猫在岸上跑的速度是老鼠在水中游的速度的 4 倍,且湖的四周有很多老鼠洞。问老鼠能否逃脱猫的追捕?

1.4　图 1-9 为磁带录音机的磁带盒的示意图。A、B 为缠绕磁带的两个轮子,其半径均为 r。在放音结束时,磁带全部绕到了 B 轮上,磁带的外沿半径为 $R=3r$。现在进行倒带,使磁带绕到 A 轮上。倒带时 A 轮是主动轮,其角速度是恒定的,B 轮是从动轮。已知磁带倒带从 B 轮全部到 A 轮的时间是 T。求从开始倒带到 A、B 两轮的角速度相等所需的时间。

1.5　图 1-10 为一物体平抛运动的 x-y 图像,物体从 O 点抛出,x、y 分别为其水平和竖直位移。在物体运动过程中的任一点 $P(x,y)$,其速度的反向延长线交于 x 轴的 A 点(A 点未画出),则 OA 的长为(　　　)。

　　A. x　　　　　　　B. $0.5x$　　　　　　C. $0.3x$　　　　　　D. 不能确定

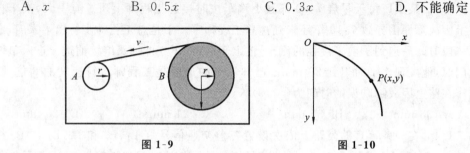

　　　　图 1-9　　　　　　　　　　　　　　　　　　图 1-10

1.6　一斜面固定在水平地面上,在斜面某处将甲、乙两个小球分别以 v 和 $v/2$ 的速度沿同一方向水平抛出,两球抛出点到落点的水平位移之比不可能是(　　　)。

　　A. 2：1　　　　　　B. 3：1　　　　　　C. 4：1　　　　　　D. 5：1

1.7　一个物体能否被看作质点,主要由(　　　)决定。

　　A. 物体的大小和形状　　　B. 物体的内部结构　　　C. 所研究问题的性质

1.8　运动的物体在不同时刻具有不同的位置矢量,两个位置矢量的差值称为对应时间段 Δt 的位移 Δr。位置矢量和参考点的选取有关,位移是否也与参考点的选取有关?

1.9　一段时间 Δt 内质点在空间内实际运行的路径的长度称为路程 Δs。试讨论位移与路程的区别与联系。

1.10　在以下几种运动中,质点的切向加速度、法向加速度以及加速度哪些为零,哪些不为零?

　　(1) 匀速直线运动　(2) 匀速曲线运动　(3) 变速直线运动　(4) 变速曲线运动

1.11　在空间某一点 O,向三维空间的各个方向以相同的初始速度 v_0 射出很多个小球,求 t 秒之后这些小球中离得最远的 2 个小球之间的距离是多少(假设 t 秒之内所有小球都未与其他物体碰撞)?

1.12　已知甲船以恒定的速度 30 km/h 向西行驶,乙船以恒定的速度 40 km/h 向南行驶。求甲船上的人观察到的乙船的速度大小和方向。

练 习 题

1.1　A、B 两汽车站相距 60 km,从 A 站每隔 10 min 开出一辆汽车,行驶速度为 60 km/h。如果在 A 站正有汽车开出时,有一辆汽车以同样大小的速度从 B 站开向 A 站,那么,在行驶途中最多能遇到多少辆从 A 站开往 B 站的汽车?

1.2　甲乙两人在长为 84 m 的游泳池里沿直线来回游泳,甲的速率 $v_1 = 1.4$ m/s,乙的速率 $v_2 = 0.6$ m/s,他们同时从水池的两端出发,来回共游了 25 min,如果不计转向时间,问这段时间内他们一共相遇了几次?

1.3　某工厂每天早晨 7:00 都派小汽车按时接总工程师上班。有一天,汽车在路上因故障原因导致 7:10 车还未到达总工程师家。于是总工程师步行出了家门,走了一段时间后遇到了前来接他的汽车,他上车后,汽车立即掉头继续前进。进入单位大门时,他发现比平时迟到 20 min。已知汽车的速度是工程师步行速度的 6 倍,则汽车在路上因故障耽误的时间为(　　)。

A. 38 min　　　　　B. 30 min　　　　　C. 24 min　　　　　D. 20 min

1.4　在一条笔直的公路上依次设置三盏交通信号灯 L_1、L_2 和 L_3,L_2 与 L_1 相距 80 m,L_3 与 L_1 相距 120 m。每盏信号灯显示绿色的时间间隔都是 20 s,显示红色的时间间隔都是 40 s。L_1 与 L_3 同时显示绿色,L_2 则在 L_1 显示红色经历了 10 s 时开始显示绿色。规定车辆通过三盏信号灯经历的时间不得超过 150 s。若有一辆匀速向前行驶的汽车通过 L_1 的时刻正好是 L_1 刚开始显示绿色的时刻,则此汽车能不停顿地通过三盏信号灯的最大速率是(　　)m/s。若一辆匀速向前行驶的自行车通过 L_1 的时刻是 L_1 显示绿色经历了 10 s 的时刻,则此自行车能不停顿地通过三盏信号灯的最小速率是(　　)m/s。

1.5　如图 1-11 所示,在笔直公路上前后行使着甲、乙、丙三辆汽车,速度分别是 6 m/s、8 m/s、9 m/s。当甲、乙、丙三辆汽车依次距离 5 m 时,乙车驾驶员发现前方的甲车开始以 1 m/s² 的加速度做匀减速运动,乙车即刻也做匀减速运动;丙车发现后也同样处理,直到三辆车都停下来未发生撞车事件。试问:丙车做减速运动,加速度至少为多大?

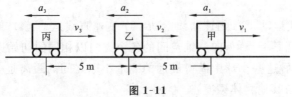

图 1-11

1.6　有 A、B 两辆车在同一直线轨道上同向行驶。A 车以 v_1 匀速运动，B 车在后。当 B 车与 A 车距离为 d 时，B 车以 v_2 开始做匀减速运动，其加速度为 a，B 车速度 v_2 比 A 车速度 v_1 大，为了保证两车不会相撞，求 d 的最小值。

1.7　火车以 60 m/s 的速率转过一段弯道，某乘客发现放在桌面上的指南针在 10 s 内匀速转过了约 $10°$。在此 10 s 内，火车（　　）。

　　A. 运动路程为 600 m　　　　　　　　　B. 加速度为零

　　C. 角速度约为 1 rad/s　　　　　　　　D. 转弯半径约为 3.4 km

1.8　一个质点做匀减速圆周运动，初始转速为 1500 r/min，经过 50 s 后静止。

（1）求质点的角加速度和从开始到静止时质点的转数；

（2）求 $t=25$ s 时质点的角速度；

（3）假设圆的半径为 1 m，求 $t=25$ s 时质点的速度和加速度。

1.9　一物体从离地面 H 高处自由下落，下落位移为 h 时，物体的速度恰好是它着地时速度的一半，则 h 等于（　　）。

　　A. $\dfrac{H}{2}$　　　　　B. $\dfrac{H}{3}$　　　　　C. $\dfrac{H}{4}$　　　　　D. $\dfrac{H}{5}$

1.10　从楼顶边缘以大小为 v_0 的初速度竖直上抛一小球；经过 t_0 时间后在楼顶边缘从静止开始释放另一小球。若要求两小球同时落地，忽略空气阻力，则 v_0 的取值范围和抛出点的高度应为（　　）。

　　A. $\dfrac{1}{2}gt_0 \leqslant v_0 < gt_0$，$h=\dfrac{1}{2}gt_0^2\left(\dfrac{v_0-gt_0}{v_0-\dfrac{1}{2}gt_0}\right)^2$

　　B. $v_0 \neq gt_0$，$h=\dfrac{1}{2}gt_0^2\left(\dfrac{v_0-\dfrac{1}{2}gt_0}{v_0-gt_0}\right)^2$

　　C. $\dfrac{1}{2}gt_0 \leqslant v_0 < gt_0$，$h=\dfrac{1}{2}gt_0^2\left(\dfrac{v_0-\dfrac{1}{2}gt_0}{v_0-gt_0}\right)^2$

　　D. $v_0 \neq \dfrac{1}{2}gt_0$，$h=\dfrac{1}{2}gt_0^2\left(\dfrac{v_0-gt_0}{v_0-\dfrac{1}{2}gt_0}\right)^2$

1.11　一质点做竖直上抛运动，不计空气阻力，它在第 1 s 内的位移为最大高度的 $\dfrac{5}{9}$，求：（1）该质点竖直上抛的初速度；（2）质点所能到达的最大高度（取 $g=10$ m/s^2）。

1.12　一水平抛出的小球落到一倾角为 θ 的斜面上时，其速度方向与斜面垂直，运动轨迹如图 1-12 中虚线所示。求小球在竖直方向下落的距离与在水平方向通过的距离之比（已知重力加速度为 g）。

1.13　如图 1-13 所示，AB 斜面倾角为 $30°$，小球从 A 点以初速度 v_0 水平抛出，

恰好落到 B 点,求:

(1) AB 间的距离;

(2) 物体在空中飞行的时间;

(3) 从抛出开始经多少时间小球的速度与斜面平行？此时与斜面间的距离为多大？

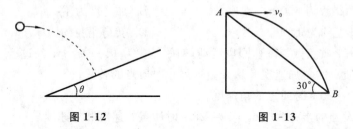

图 1-12　　　　　　　　　　　　图 1-13

1.14　田径场上某同学将一铅球以初速度 v_0 抛出,该铅球抛出点的高度为 H。铅球在田径场上的落点与铅球抛出点的最大水平距离为_____,对应的抛射角为_____(重力加速度大小为 g)。

1.15　一足球运动员在球门正前方距离 s 处的罚球点,准确地从球门正中横梁边沿下将球踢进球门。已知横梁高度为 h,求足球初速度的最小值(重力加速度大小为 g)。

1.16　在水平地面上斜上抛一物块,当倾角满足什么条件时,物块运动过程中始终在远离抛出点？

1.17　一质点自半径为 R 的空心球内的最高点 P 由静止开始无摩擦地沿任一弦下滑至球面,证明所需时间相等。

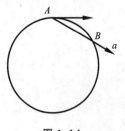

图 1-14

1.18　如图 1-14 所示,一质点沿一固定圆周运动,当质点经过圆周上的 A 点处时,速度为 V。此时从 A 点出发,沿着加速度的方向做一射线,与圆周相交于 B 点,已知 A、B 之间的距离为 b。求此时质点加速度的大小。

1.19　三只飞蛾所在的位置形成一个正三角形,三角形的边长为 6 m。第一只飞蛾出发向第二只飞蛾飞去,同时,第二只向第三只飞去,第三只向第一只飞去,每只飞蛾飞行的速度都是 5 cm/s。在飞行的过程中,每只飞蛾都始终保持对准自己的目标。

(1) 经过多长时间飞蛾会相遇？

(2) 相遇的时候它们各自飞行了多长的路程？

第 2 章　质点动力学

2022 年 2 月 27 日 11 时 06 分,长征八号(后简称长八)遥二运载火箭飞行试验,在中国文昌航天发射场顺利实施,火箭飞行正常,试验取得圆满成功。

长八是我国自主研制的中型运载火箭,长八遥二为长八运载火箭无助推器状态,为适应一箭多星任务,更换大整流罩,本次发射是该构型首次飞行试验。火箭采用无毒、无污染推进剂,全箭长约 48 m,芯一级直径 3.35 m,芯二级直径 3.0 m,起飞重量约 198 t,起飞推力约 240 t,可实现太阳同步轨道 3 t 运载能力。

本次飞行试验搭载了海南一号 01 和 02 星、大运号(星时代-17)卫星、文昌一号 01 和 02 星、泰景三号 01 星等 22 颗商业卫星,主要用于对地观测、低轨物联网通信、空间科学试验,可提供资源调查、合成孔径雷达数据支持、物联网分散终端数据采集、在轨科学试验和技术验证、海南及环省海域船只信息收集处理等服务。

长八运载火箭任务适应性强、能力覆盖范围广,可承担近地轨道、太阳同步轨道等中型载荷的单星发射和中小型载荷组网发射任务,可大幅提升经济性和测发效率,有效保证我国进入空间的能力。

(注:图片、文字均来自国家航天局官网)

第 1 章描述了物体的运动状态,但没有讨论物体为什么会做这种或者那种形式的运动,也没有讨论物体运动状态变化的成因。后一部分内容属于动力学的范围。动力学研究运动与力的关系。只有掌握了动力学知识,才能进一步确定物体的位置、速度变化的规律,以及改变条件控制物体的运动。

动力学的基本知识框架体系是:以牛顿运动定律为基础,以力为主线,引入力的冲量、力的功、力矩和冲量矩等概念,讨论物体状态(用动量、动能、角动量等来描述)的变化及其服从的定理:动量定理、动能定理、角动量定理,进而揭示出具有适用范围更为广泛的基本客观规律——动量守恒定律、能量守恒和转化定律、角动量守恒定律。

本章首先讨论牛顿运动定律及其应用(第 2.1 节),然后介绍与动量有关的概念和定理(第 2.2 节),与动能有关的概念和定理(第 2.3 节),最后介绍质点系的质心和质心运动定理(第 2.4 节)。与角动量有关的内容,则放在第 3 章讨论。

2.1　牛顿运动定律

动力学的奠基者是英国科学家牛顿(Isaac Newton,1643—1727 年)。他在 1687年出版的《自然哲学的数学原理》中提出了三条运动定律,我们把这三条定律总称为牛顿运动定律。牛顿运动定律是整个动力学理论体系的核心。

2.1.1　牛顿运动三定律

第一定律:任何物体都保持静止或匀速直线运动状态,直到其他物体的作用力迫使它改变这种状态为止。

第二定律:物体受外部作用时,加速度的大小与合外力的大小 F(单位:牛顿)成正比,与物体的质量 m(单位:千克)成反比;加速度 a(单位:千克/米^2)的方向与合外力的方向相同,即

$$F = ma \tag{2-1}$$

第三定律:两个物体之间的作用力 F_1 和反作用力 F_2 总是大小相等,方向相反,作用在同一直线上,即

$$F_1 = -F_2 \tag{2-2}$$

牛顿第一定律表明,物体具有保持原来匀速直线运动状态或者静止状态的性质,这种性质称为惯性。观察和实验表明,对于任何物体,在受到相同的作用力时,决定它们运动状态变化的难易程度的唯一因素就是其质量。因此,质量可作为描述物体惯性大小的物理量,也称为惯性质量。在国际单位制中,质量的单位是千克,单位符号是 kg。

物体处于匀速直线运动状态或者静止状态,均称为物体处于平衡状态。牛顿第

一定律给出了**物体处于平衡状态的充要条件:所受合力为零**。在国际单位制中,力的单位是牛顿(千克·米/秒²),单位符号是 N。

牛顿运动定律表明,力是物体与物体间的相互作用,这种作用可使物体获得加速度,即力是改变物体运动状态的原因。

牛顿运动定律是在前人(伽利略、笛卡儿等)研究的基础上提出的,是对生活中所见的各式各样、大大小小物体运动特征的总结,是科学的抽象思维的结晶。牛顿运动定律首先适用于地面参考系。这种参考系(即牛顿运动定律适用的参照系)通称为惯性参照系(惯性系)。

进一步的研究表明,地球不是严格意义上的惯性系,只有当研究的对象及其运动的尺度较小时(相对于地球半径而言),可以取地球为惯性系。

相对于已知惯性系做匀速直线运动的参照系也是惯性系,相对于已知惯性系做变速运动的参照系则不是惯性系(通称为非惯性系)。牛顿运动定律适用于惯性系中,研究对象为宏观物体,运动为低速(相对于真空中的光速而言)的机械运动的情况。

在应用牛顿运动定律解决具体力学问题时,一般需要先对研究对象进行受力分析。常见的力有重力(万有引力)、弹性力和摩擦力等。

2.1.2　常见的力

1. 重力

我们扔出去的石头总是要落回到地面,人们上楼的时候总感觉费力而下楼的时候就感觉轻松,这些都源于重力的作用。地球表面附近的物体受到地球的万有引力作用,称为物体的重力。物体的重力大小则与物体的质量成正比

$$F = mg \tag{2-3}$$

式中:g 称为重力加速度。重力加速度的大小受多种因素影响,与所在地区有关,一般依赖实验测定(西安地区的重力加速度约为 $9.7944\ \text{m/s}^2$),物理课程中理论题计算时一般取 $9.8\ \text{m/s}^2$,有时候为了计算简便也取 $10\ \text{m/s}^2$。

物体的重力方向总是竖直向下的。考虑地球自转效应的影响,物体的表观重力会随着所在位置纬度不同而有所变化。

2. 弹性力

桌面上物体会受到桌面的支持作用,同时对桌面施加着压力;拉直的绳索对系于其一端的物体产生拉力,绳子内部不同部分之间也有拉力。物体在外力作用下,形状和体积会发生或大(明显)或小(不明显)的变化(形变)。有些物体在外部作用撤除后能够恢复其原来的形状和体积(弹性形变)。发生形变的物体在恢复原状的过程中,会对与其接触的其他物体产生力的作用,这种力称为弹性力。形变恢复时,物体内部相邻部分之间也有力的作用,这种作用力也属于弹性力。

　　弹性力的表现形式多样,一般来说,定量确定弹性力及其分布是比较复杂的,轻质弹簧作为弹性模型的典型,力与形变的关系可以用胡克定律来描述:在弹性限度内,弹性力 F 为线性恢复力,与伸长(压缩)量 x 成正比,即

$$F = -kx \qquad\qquad (2\text{-}4)$$

式中:k 称为弹簧的劲度系数。

3. 摩擦力

　　物块可以在斜面上保持静止,教室的课桌不能轻易被推动,人可以站立在公交车上随车启动,都是因为摩擦力的作用。一般物体的运动有滑动和滚动的区分,相应地也存在着滑动摩擦和滚动摩擦。相对于滑动摩擦,在相同压力条件下,滚动摩擦要小得多,一般可忽略不计。本书只涉及滑动摩擦力。

　　两个相互接触的物体,当它们发生相对滑动或者具有相对滑动趋势时,就会在接触面上产生阻碍相对滑动或者相对滑动趋势的力,这种力称为摩擦力。阻碍相对滑动的力称为滑动摩擦力,阻碍相对滑动趋势的力称为静摩擦力。摩擦力的方向总是沿着接触面(切线方向),并且跟物体的相对运动或者相对运动趋势的方向相反。

　　实验表明:滑动摩擦力的大小与正压力成正比,即

$$F = \mu N \qquad\qquad (2\text{-}5)$$

式中:比例常数 μ 称为滑动摩擦系数。μ 的数值与相互接触的两个物体的材料有关外,还与接触面的情况(如粗糙度)有关,往往需要依赖实验测定。

　　静摩擦力的最大值也可以类似表示,相应的摩擦系数称为最大静摩擦系数。一般而言,最大静摩擦系数往往大于滑动摩擦系数,很多题目中出于简化计算的目的,假设这两个摩擦系数数值相等。

　　应用牛顿运动定律解题的一般步骤是:

　　(1) 确定研究对象及参数(物理量)(综合考虑问题的要求、计算的简便来确定);

　　(2) 受力分析,画力的示意图,避免重复考虑,也不要错漏;

　　(3) 根据运动过程分析,恰当选取坐标系;

　　(4) 依据牛顿运动定律,列方程(坐标分量式)并求解待求未知量;

　　(5) 必要时,考虑边界条件、约束条件等,列辅助方程。

　　如果最后能对所得结果做一些引申和讨论,往往有利于加深对问题的理解和对牛顿运动定律运用方法的掌握。

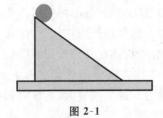

图 2-1

　　【例 2-1】　倾角为 θ(锐角)、质量为 M 的斜面体,静止于水平地面上,一质量为 m 的滑块从斜面体的顶端由静止释放,如图 2-1 所示。求在滑块下滑的过程中:(1)滑块相对于斜面体的加速度和斜面体的加速度;(2)滑块与斜面体间的相互作用力;(3)桌面对斜面体的作用力。忽略接触面间的摩擦力,重力加速度

为 g。

解　在地面参照系,假设斜面体运动的加速度为 a_M,滑块相对斜面体的加速度为 a',根据伽利略变换可知滑块对地面的(绝对)加速度为 $a_m = a' + a_M$。分别以滑块、斜面体为研究对象,其受力如图 2-2 所示。选取直角坐标系,水平向左为 x 坐标正方向,竖直向上为 y 坐标正方向。将滑块沿斜面的滑动正交分解,则有

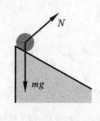
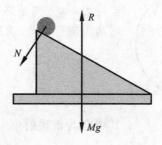

图 2-2

滑块水平方向运动满足

$$-N\sin\theta = m(a_M - a'\cos\theta)$$

滑块竖直方向运动满足

$$N\cos\theta - mg = -ma'\sin\theta$$

斜面体水平方向运动满足

$$N\sin\theta = Ma_M$$

斜面体竖直方向受力平衡

$$R - Mg - N\cos\theta = 0$$

联立以上四个方程,解得:
斜面体的加速度

$$a_M = \frac{m\sin\theta\cos\theta}{M + m\sin^2\theta}g$$

滑块的相对加速度

$$a' = \frac{(m+M)\sin\theta}{M + m\sin^2\theta}g$$

滑块与斜面体间的相互作用力

$$N = \frac{Mm\cos\theta}{M + m\sin^2\theta}g$$

水平地面对斜面体的支持力

$$R = \frac{M(M+m)}{M + m\sin^2\theta}g$$

假设斜面体的质量远远大于滑块的质量($M \gg m$),以上结果简化为

$$a_M = 0, \quad a' = g\sin\theta, \quad N = mg\cos\theta, \quad R = Mg - mg\cos^2\theta$$

这个结果显而易见是合理的。

【例 2-2】　在竖直平面内有一光滑的固定圆形轨道,一物体以水平初速度 v_0 从轨道的最低点开始沿该轨道内侧运动,如图 2-3 所示。要使得滑块能完成沿着整个轨道的圆周运动,初速度 v_0 应满足什么条件。

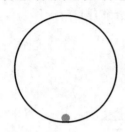

图 2-3

解　滑块仅受到两个力的作用:重力 mg 和圆形轨道的支持力 N(方向始终与轨道垂直)。在地面参照系中,滑块的运动为圆周运动,满足

$$-mg\sin\theta = m\frac{\mathrm{d}v}{\mathrm{d}t} \tag{1}$$

$$N - mg\cos\theta = \frac{mv^2}{R} \tag{2}$$

其中,θ 为滑块的角位置,选取初始角位置(轨道最低点)为零位置。

对式(1)做变量代换

$$-mg\sin\theta = m\frac{\mathrm{d}v}{\mathrm{d}s}\frac{\mathrm{d}s}{\mathrm{d}t} = mv\frac{\mathrm{d}v}{\mathrm{d}s}$$

其中

$$\mathrm{d}s = R\mathrm{d}\theta$$

所以

$$v\mathrm{d}v = -g\sin\theta\mathrm{d}s = -Rg\sin\theta\mathrm{d}\theta$$

两边积分可得

$$v^2 = v_0^2 - 2Rg(1-\cos\theta)$$

代入式(2),有

$$N = m\left[\frac{v_0^2}{R} - g(2-3\cos\theta)\right]$$

可以看出,当 $\theta = \pi$(轨道最高点)时,轨道对滑块的支持力取极小值,若此位置 $N \geqslant 0$,则质点可始终沿着整个圆周运动,不会脱离轨道。

所以初速度 v_0 最小应满足 $v_0 \geqslant \sqrt{5Rg}$。

【例 2-3】　如图 2-4 所示,处于光滑的水平地面上的平板车 C 质量为 m,车上有质量分别为 m 和 $4m$ 的物块 A 和 B,二者之间用不可伸长的轻绳通过光滑的动滑轮(质量忽略不计)相连接,两物块与平板车表面的摩擦系数都是 $\mu = 0.5$。开始时,平板车和两物块都处于静止状态。今用一恒力 F 沿水平方向作用在滑轮上,求平板车 C 和物块 A、B 的加速度。假设绳、平板车 C 都足够长,物块 A 和 B 均不与滑轮发生接触,也没有脱离平板车。已知最大静摩擦力等于滑动摩擦力,重力加速度为 g。

解　本题中,物块 A、物块 B、平板车 C 的运动均发生在水平方向,竖直方向合力都为零,属于直线运动。根据外力 F 的大小,可分为三种运动情况:① 一起运动,加速度相同;② B、C 一起运动(加速度相同),物块 A 相对平板车向右滑动(A 加速度

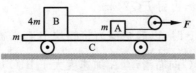

图 2-4

大于 B、C 加速度);③ 物块 A、B 相对平板车都向右滑动,平板车 C 加速度恒定,不随外力的增大而增加。

(1) 外力较小时,两个物块和平板车一起运动,加速度相同。根据牛顿第二定律可知

$$a = \frac{F}{6m}$$

滑轮质量忽略不计,无论加速度为何值所受合力都为零。故物块 A、B 受到绳子的拉力相同,都等于 $3ma = F/2$。

考虑滑块 A,根据牛顿第二定律

$$3ma - f = ma$$

可知所受摩擦力为阻力,大小为 $2ma = F/3 \leqslant \mu mg = mg/2$。

外力 $F = \frac{3}{2}mg$ 是滑块 A 与平板车 C、滑块 B 一起运动(相对静止)的上限,超过此值,滑块 A 会相对平板车滑动。

考虑滑块 B,根据牛顿第二定律

$$3ma - f = 4ma$$

可知所受摩擦力为动力(方向水平向右),大小为 $ma = F/6$。

故当 $0 \leqslant F \leqslant 3\mu mg = \frac{3}{2}mg$ 时,两个静摩擦力将物块 A、物块 B、平板车 C 联系在一起,在外力 F 的作用下一起匀加速运动(加速度相同)。物块 A 有相对平板车向前的滑动趋势,故受到的摩擦力向左(阻力);物块 B 有相对平板车落后的滑动趋势,故受到的摩擦力向右(动力)。

(2) 当 $F \geqslant \frac{3}{2}mg$ 时,B、C 一起运动(加速度相同),A 相对平板车向右滑动(A 加速度大于 C 加速度)。

以 B、C 整体为研究对象,根据牛顿第二定律

$$F/2 + \mu mg = 5ma \tag{1}$$

以平板车为研究对象,根据牛顿第二定律

$$\mu mg + f = ma \tag{2}$$

联立式(1)和式(2),解得 $f = \frac{F}{10} - \frac{4}{5}\mu mg \leqslant 4\mu mg$。

代入已知条件 $\mu=0.5$,可得 $F \leqslant 24mg$。

故当 $\frac{3}{2}mg < F \leqslant 24mg$ 时,以静摩擦力将物块 B 与平板车 C 联系在一起做加速运动;物块 A 相对平板车 C 向右滑动(A 加速度大于 B、C 加速度)。

(3) 当 $F > 24mg$ 时,物块 A 相对平板车 C 向右滑动,物块 B 也相对平板车 C 向右滑动,加速度的大小随外力 F 的改变而改变。平板车 C 的加速度达到最大值,不随外力 F 的改变而改变。

思考:(1) 外力 F 的大小为何值时,A、B 相对静止,但相对平板车滑动? (2) 外力 F 的大小为何值时,物块 B 与平板车 C 之间的摩擦力为零?

2.2　冲量与动量　动量守恒定律

牛顿运动定律显示,在力的作用下物体的运动状态将发生变化。在力的持续作用下,物体经历了一定的过程,从初始状态发展到末态,状态的变化是作用力的持续累积的效果。力的时间积累与物体状态变化之间的关系,是本节讨论的内容。

2.2.1　力的冲量　质点的动量定理

1. 力的冲量

一般情况下,作用力往往是随着时间变化(大小、方向)的。作用力关于时间的积分称为该力的冲量,用符号 $\boldsymbol{I}$ 表示(单位:牛顿·秒,千克·米/秒),即

$$\boldsymbol{I} = \int_{t_1}^{t_2} \boldsymbol{F}(t)\,\mathrm{d}t \tag{2-6}$$

当作用力恒定时,式(2-6)简化为力与时间的乘积 $\boldsymbol{I} = \boldsymbol{F}(t_2 - t_1) = \boldsymbol{F}\Delta t$。

式(2-6)中的作用力 $\boldsymbol{F}$,可以是物体受到的多个力中的某一个力,也可以是多个力的合力。一般地,合力的冲量等于各个力的冲量的矢量和。

在相同的作用时间内,如果一个恒力的冲量等于一个变力的冲量,该恒力就称为该变力的平均力。

$$\int_{t_1}^{t_2} \boldsymbol{F}(t)\,\mathrm{d}t = \boldsymbol{F}(t_2 - t_1) = \boldsymbol{F}\Delta t \tag{2-7}$$

2. 物体的动量　动量定理

在牛顿力学中,质量一般为常量,故有 $\boldsymbol{F} = m\dfrac{\mathrm{d}\boldsymbol{v}}{\mathrm{d}t} = \dfrac{\mathrm{d}(m\boldsymbol{v})}{\mathrm{d}t}$,即 $\boldsymbol{F}\mathrm{d}t = \mathrm{d}(m\boldsymbol{v})$,积分可得

$$\int_{t_1}^{t_2} \boldsymbol{F}\mathrm{d}t = m\boldsymbol{v}_2 - m\boldsymbol{v}_1 \tag{2-8}$$

式中:$m\boldsymbol{v}$ 称为物体的动量,记作 $\boldsymbol{p}$。式(2-8)即质点的动量定理,它表示:**作用在物体**

上的合外力的冲量等于物体动量的增量。

当相互作用时间极短时,相互间冲力极大,故有些外力(如重力等)可忽略不计。

注意:(1) 动量、冲量、力都是矢量,冲量的方向是动量变化的方向;

(2) 动量定理式(2-8)中的 F 指合(外)力,且只适用于惯性参考系;

(3) 动量定理是矢量式,可以分解为分量式。

如果物体在运动过程中不受外力作用,或者受到的外力为平衡力,则物体的动量将保持不变,即动量守恒。

2.2.2　质点系的动量定理

现考察一个由 N 个质点构成的质点系,假设其中第 i 个质点的质量为 m_i,速度为 v_i,则其动量 $p_i = m_i v_i$。体系的动量定义为 N 个质点动量的矢量和 $p = \sum_{i=1}^{N} p_i = \sum_{i=1}^{N} m_i v_i$。

质点的动量定理适用于质点系中任何一个质点,故有

$$\int_{t_1}^{t_2} F_i \mathrm{d}t = m_i v_{i2} - m_i v_{i1}$$

由 N 个质点构成的质点系,就存在 N 个类似的表示式。将这 N 个表示式求和

$$\sum_{i=1}^{N} \int_{t_1}^{t_2} F_i \mathrm{d}t = \int_{t_1}^{t_2} \sum_{i=1}^{N} F_i \mathrm{d}t = \sum_{i=1}^{N} m_i v_{i2} - \sum_{i=1}^{N} m_i v_{i1} = p_2 - p_1$$

其中 F_i 表示质点系中第 i 个质点受到的合力,$\sum_{i=1}^{N} F_i$ 表示质点系中所有质点受到的力的矢量和。根据牛顿第三定律,相互作用的内力在求和时因为大小相等而方向相反,会相互抵消,故质点系所有质点受到的力的矢量和等于质点系所有质点受到的外力的矢量和。

$$I_{外} = \int_{t_1}^{t_2} F_{外} \mathrm{d}t = p_2 - p_1 \tag{2-9}$$

式(2-9)即质点系的动量定理,它告诉我们:外力的冲量的矢量和等于质点系动量的增量。改变体系动量的是外力的作用,内力不能改变体系的动量。

考虑到质点所受到的合力也是合外力,故质点系的动量定理(2-9)与质点的动量定理(2-8)具有相同的形式。

2.2.3　动量守恒定律

如果整个运动过程中,质点系始终不受外力的作用(孤立体系),或者所受到的外力的矢量和始终为零,则体系动量将始终保持恒定,该过程动量守恒。

对于爆炸、碰撞之类的过程,持续时间很短,有限的外力(如系统受到的重力)产

生的冲量可以忽略,则过程中动量近似守恒。

考虑到冲量、动量的矢量特征,当质点系沿某一方向受到的外力的矢量和为零时,该方向动量分量守恒。

【例 2-4】 如图 2-5 所示,有一门质量为 M(含炮弹)的大炮,在一斜面上无摩擦地由静止开始下滑,当滑下距离 l 时,从炮内沿水平方向射出一发质量为 m 的炮弹,欲使炮车在发射炮弹后的瞬时停止滑动,炮弹的初速 v 应是多少?(设斜面倾角为 α)

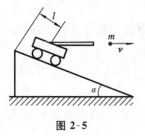

图 2-5

解 大炮的运动可划分为时间上相继的两个过程。

第一个过程为大炮(含炮弹)沿光滑的固定斜面由静止开始匀加速下滑的过程,加速度 $a=g\sin\alpha$,下滑距离 l 时大炮速度大小为 $v_1=\sqrt{2gl\sin\alpha}$,方向为沿斜面向下。

第二个过程为大炮发射炮弹的过程:整个过程持续时间很短,以炮车和炮弹为系统(研究对象),相对于斜面对系统的支持力,恒定的重力产生的冲量可以忽略不计。在沿着斜面的方向上,内力的分量远远大于外力,动量近似守恒,故有

$$Mv_1=M\sqrt{2gl\sin\alpha}=mv\cos\alpha$$

炮弹的初速度满足 $v=\dfrac{M\sqrt{2gl\sin\alpha}}{m\cos\alpha}$。

2.3 功和能 机械能守恒定律

2.2 节讨论了力的时间积累与物体状态变化之间的关系,得到了动力学的一个重要定理——动量定理。在力的持续作用下,物体经历了一定的过程,从初始状态发展到末态,也体现出空间位置的不同。力的空间积累与物体状态变化之间的关系是本节讨论的内容。

2.3.1 功和功率

作用力的空间积累用作用力的功来度量。

功的微元定义为作用力与物体位移微元的标量积(点乘)

$$dA=\boldsymbol{F}\cdot d\boldsymbol{r}=F\cdot ds\cdot\cos\theta \tag{2-10}$$

一般地,作用力在物体运动过程中做的功定义为

$$A=\int_{r_1,L}^{r_2}\boldsymbol{F}\cdot d\boldsymbol{r} \tag{2-11}$$

式(2-11)表示物体从初始位置(以 r_1 为标记)沿着某一路径 L,运动到末了位置(以 r_2 为标记)的过程中,力 $\boldsymbol{F}$ 所做的功。

物体做直线运动时,恒定作用力的功是上面一般功的定义的特例,此时

$$A = \boldsymbol{F} \cdot \boldsymbol{s} = Fs\cos\theta \tag{2-12}$$

功为代数量（标量），θ 为锐角（包括 $0°$）时，力为动力，功为正；θ 为钝角（包括 $180°$）时，力为阻力，功为负（亦称为"物体反抗某力做功"）；θ 为直角时，力做功为零。

对于质点，容易证明：合力的功等于各个力的功的代数和。

作用力在单位时间内所做的功称为功率，即

$$P = \frac{\mathrm{d}A}{\mathrm{d}t} = \boldsymbol{F} \cdot \frac{\mathrm{d}\boldsymbol{r}}{\mathrm{d}t} = \boldsymbol{F} \cdot \boldsymbol{v} \tag{2-13}$$

在国际单位制中，功的单位为焦耳（千克·米^2/秒^2），单位符号是 J；功率的单位为瓦特（焦耳/秒），单位符号是 W。

考虑到物体运动的相对性，功和功率都是相对的。一个力是否做功，做正功还是做负功，做了多少功，都与参考系有关。

在直角坐标系中，力可用分量表示为

$$\boldsymbol{F} = F_x\boldsymbol{i} + F_y\boldsymbol{j} + F_z\boldsymbol{k}$$

位移微元可用分量表示为

$$\mathrm{d}\boldsymbol{r} = \mathrm{d}x\boldsymbol{i} + \mathrm{d}y\boldsymbol{j} + \mathrm{d}z\boldsymbol{k}$$

则功为

$$A = \int_{r_1,L}^{r_2} \boldsymbol{F} \cdot \mathrm{d}\boldsymbol{r} = \int_{r_1,L}^{r_2} (F_x\mathrm{d}x + F_y\mathrm{d}y + F_z\mathrm{d}z)$$

2.3.2　质点的动能和动能定理

质点的动能定义为质量与速率平方的乘积的一半，即

$$E_k = \frac{1}{2}mv^2 \tag{2-14}$$

动能与物体的运动状态有关，是一个状态量。考虑到物体运动的相对性，物体的动能与参考系的选取有关。动能的单位与作用力的功的单位相同，都是焦耳。

在惯性系中，将牛顿第二定律应用于功的定义，计算合力的功：

$$\mathrm{d}A = \boldsymbol{F} \cdot \mathrm{d}\boldsymbol{r} = m\boldsymbol{a} \cdot \mathrm{d}\boldsymbol{r} = m\frac{\mathrm{d}\boldsymbol{v}}{\mathrm{d}t} \cdot \mathrm{d}\boldsymbol{r} = m\boldsymbol{v} \cdot \mathrm{d}\boldsymbol{v}$$

在 1.4 节已经证明 $v\mathrm{d}v = \boldsymbol{v} \cdot \mathrm{d}\boldsymbol{v}$，故

$$\mathrm{d}A = mv\mathrm{d}v = \mathrm{d}\left(\frac{1}{2}mv^2\right) \tag{2-15}$$

上面推导适用于物体运动的整个过程，故积分可得

$$A = \frac{1}{2}mv_2^2 - \frac{1}{2}mv_1^2 = E_{k2} - E_{k1} = \Delta E_k \tag{2-16}$$

式（2-15）和（2-16）称为质点的动能定理：**质点末态的动能减初态的动能（动能的增量）等于从初态到末态的过程中合（外）力的功。** 动能定理的推导中应用了牛顿

第二定律,故适用于惯性系。

如图 2-6 所示,一对作用力与反作用力的功之和只与两个物体的相对位移有关,即

$$\mathrm{d}A_1 + \mathrm{d}A_2 = \boldsymbol{f}_1 \cdot \mathrm{d}\boldsymbol{r}_1 + \boldsymbol{f}_2 \cdot \mathrm{d}\boldsymbol{r}_2 = \boldsymbol{f}_1 \cdot (\mathrm{d}\boldsymbol{r}_1 - \mathrm{d}\boldsymbol{r}_2)$$
$$= \boldsymbol{f}_1 \cdot \mathrm{d}(\boldsymbol{r}_1 - \boldsymbol{r}_2) = \boldsymbol{f}_1 \cdot \mathrm{d}\boldsymbol{r}_{12}$$

推导过程中应用了牛顿第三定律($\boldsymbol{f}_2 = -\boldsymbol{f}_1$)。

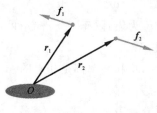

图 2-6

2.3.3　保守力的功

如果某力在物体运动过程中做的功与过程的起点位置、终点位置有关,但与过程的具体路径无关,也就是说,如果保持过程的起点位置、终点位置不变,改变过程的具体路径,并不改变该力所做的功,这个力就称为保守力。

如果物体运动过程的路径是一条闭合曲线,施加于物体上的保守力所做的功为零。

中学物理中学过的伽利略的理想斜面实验,证明了重力属于保守力。一般地,万有引力、弹性力都属于保守力。

可以引入机械势能的概念,来表述保守力的功:保守力的功,等于过程起点的势能与终点的势能的差值。

$$A_{保守} = E_{p1} - E_{p2} \tag{2-17}$$

式中:$A_{保守}$表示保守力做的功;E_{p1}、E_{p2}分别表示物体起点的势能和终点的势能。

如果保守力是重力,则重力做的功为

$$A_{重力} = mgh = mgy_1 - mgy_2 \tag{2-18}$$

式中:m 表示物体的质量;g 表示重力加速度;y_1、y_2 分别表示起点和终点的高度。

如果保守力是万有引力,则万有引力做的功为

$$A_{保守} = -\int_{r_1}^{r_2} G\frac{Mm}{r^2}\mathrm{d}r = \frac{-GMm}{r_1} - \left(-\frac{GMm}{r_2}\right) \tag{2-19}$$

式中:r 表示万有引力相互作用的两个天体(看作质点,质量分别为 M、m)之间的距离;r_1、r_2 分别对应两个天体的起点距离和终点距离。

对于线性轻弹簧,则

$$A = \frac{1}{2}kx_1^2 - \frac{1}{2}kx_2^2 \qquad (2\text{-}20)$$

式中：x_1、x_2 分别对应弹簧的起始状态形变量和末了状态形变量；k 为弹簧的劲度系数，如图 2-7 所示。

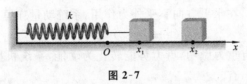

图 2-7

在一个过程中，保守力做正功，势能总是减小的。

以上保守力的功的基本公式，只涉及起点势能和终点势能的差值。要确定某一点的势能，还需要确定势能的零点。势能的零点的确定原则上是任意的，一般地，重力势能的零参考面选水平地面；万有引力势能的零点取无穷远；弹簧原长时势能为零。

一般而言，对应于每一种保守力就可引入一种相关的势能；势能是彼此以保守力作用的物体系统所共有，保守力的功等于势能增量的负值 $\left(\int_{r_1}^{r_2} \boldsymbol{F}_{\text{保}} \cdot \mathrm{d}\boldsymbol{r} = -\Delta E_P \right)$。实际上是一对保守力的功等于系统势能增量的负值；势能是相对量，其大小与所选取的势能零点有关。

2.3.4　机械能守恒定律

定义物体的动能和势能的和为物体的机械能，用符号 E 表示，即

$$E = E_k + E_p = \frac{1}{2}mv^2 + E_p \qquad (2\text{-}21)$$

在一个运动过程中，如果物体仅受到保守力作用，或者仅有保守力做功，则有

$$A_{\text{保守}} = E_{p1} - E_{p2} = -\Delta E_p = E_{k2} - E_{k1} = \Delta E_k$$

$$\Delta E_k + \Delta E_p = \Delta(E_k + E_p) = 0$$

$$E = E_k + E_p = \text{恒量} \qquad (2\text{-}22)$$

以上关于质点的动能定理、机械能守恒定律可以推广到质点系。质点系的动能定义为质点系中各个质点动能之和。在一个运动过程中，质点系动能的增量等于作用于质点系所有力（系统受到的外力和系统内部不同质点之间相互作用的内力）的功的代数和。质点系的机械能定义为质点系的动能加上系统内各个质点的势能。在一个运动过程中，如果系统仅受到保守力作用，或者仅有保守力做功，则系统机械能守恒。

机械能守恒定律是更广泛的能量转换与守恒定律在力学（机械运动）现象中的表现。在一个孤立系统内，各种形态的能量可以相互转换，但无论怎样转换，这个系统的总能量将始终保持不变。

【例 2-5】　一质量为 M,倾角为 θ 的斜面体放在水平光滑地面上,一质量为 m 的物块从斜面上高为 h 处由静止开始无摩擦地滑下,求滑块从开始运动到滑到地面的过程中:(1)滑块对斜面体做的功;(2)斜面体运动的距离。

解　(1)假设滑块滑到地面时斜面体的速度为 V,滑块的相对速度为 u。斜面体和滑块所构成的系统,在水平方向不受外力作用,系统动量守恒,即

$$m(V-u\cos\theta)+MV=0 \tag{1}$$

运动过程中,只有重力做功,重力势能转化为动能,系统机械能守恒。选取地面为重力势能零参考面,有

$$\frac{1}{2}m(u^2+V^2-2uV\cos\theta)+\frac{1}{2}MV^2=mgh \tag{2}$$

滑块对斜面体所做的功等于斜面体动能的增量

$$A=\frac{1}{2}MV^2 \tag{3}$$

联立式(1)、式(3)、式(2)得

$$A=\frac{Mm^2gh\cos^2\theta}{(M+m)(M+m\sin^2\theta)}$$

(2)由式(1)可得

$$mu\cos\theta=(m+M)V \tag{4}$$

上式适用于整个运动过程。

$$m\frac{\mathrm{d}l}{\mathrm{d}t}=(m+M)\frac{\mathrm{d}s}{\mathrm{d}t}$$

$$m\mathrm{d}l=(m+M)\mathrm{d}s$$

$\mathrm{d}l$、$\mathrm{d}s$ 分别表示滑块的相对位移微元的水平分量、斜面体的位移微元。两边积分可得滑块从开始运动到滑到地面时,斜面体运动的距离,即

$$s=\frac{m}{m+M}l=\frac{m}{m+M}h\cot\theta$$

2.4　质心与质心运动定理

质心的概念对于描述和把握质点系的整体运动特征具有重要的意义。一般质点系的运动,都可以分解为质心(把整个质点系看作一个质点)的运动和质点系相对于质心的运动。例如,地球(质点系)相对于太阳的运动,就可以分解为质心运动(公转,以一年为运动周期)和相对质心的运动(自转,以一天为运动周期);火车车轮(质点系)的运动可以分解为质心的运动(对应火车的前进速度)和相对质心的转动。

2.4.1　质心

对于质点系,引入质心的定义。

质心是一个特殊的质点,其质量 m_c 等于质点系的质量。

$$m_c = \sum_{i=1}^{N} m_i \tag{2-23}$$

质心的位置矢量 $\boldsymbol{r}_c$ 定义为质点系各个质点的位置矢量的加权平均。

$$\boldsymbol{r}_c = \frac{\sum\limits_{i=1}^{N} (m_i \boldsymbol{r}_i)}{\sum\limits_{i=1}^{N} m_i} = \frac{\sum\limits_{i=1}^{N} (m_i \boldsymbol{r}_i)}{m_c} \tag{2-24}$$

两边求导数,可得质心的速度

$$\boldsymbol{v}_c = \frac{\sum\limits_{i=1}^{N} (m_i \boldsymbol{v}_i)}{m_c} \tag{2-25}$$

上式变形可得

$$\boldsymbol{p}_c = m_c \boldsymbol{v}_c = \sum_{i=1}^{N} (m_i \boldsymbol{v}_i) = \sum_{i=1}^{N} \boldsymbol{p}_i = \boldsymbol{p} \tag{2-26}$$

可见,质心的动量等于质点系所有质点动量的矢量和,即等于质点系的动量。

类似地,可以引入质心的加速度

$$\boldsymbol{a}_c = \frac{\sum\limits_{i=1}^{N} (m_i \boldsymbol{a}_i)}{m_c} \tag{2-27}$$

2.4.2　质心运动定理

质点系动量定理告诉我们,质点系动量的变化率等于质点系受到的外力的矢量和,即

$$\boldsymbol{F} = \frac{\mathrm{d}\boldsymbol{p}}{\mathrm{d}t}$$

结合式(2-26)可得

$$\boldsymbol{F} = \frac{\mathrm{d}\boldsymbol{p}_c}{\mathrm{d}t} \tag{2-28}$$

此即质心运动定理。它告诉我们:**质心动量的变化率等于质点系受到的外力的矢量和**。改变质心运动状态的是外力,质点系内部的相互作用力不能改变质心的运动状态。如果某一个质点系不受外力作用(孤立体系),或者受平衡外力作用,其质心将保持运动状态不变(静止或者匀速直线运动)。不考虑其他天体的影响,地球-太阳系统就是一个孤立体系。

【例 2-6】　半径为 r 的一圆筒形薄壁茶杯,质量为 m,其中杯底质量为 $m/5$(杯壁和杯底各自的质量分布都是均匀的),杯高为 H(与杯高相比,杯底厚度可忽略)。

杯中盛有茶水,茶水密度为ρ。重力加速度大小为g。为了使茶水杯所盛茶水尽可能多并保持足够稳定,杯中茶水的最佳高度是多少?

解 为了使茶水杯所盛茶水尽可能多并保持足够稳定,即茶水和茶水杯构成的系统质心高度最低。

取杯底为零点,竖直向上为y轴正方向。系统质心的坐标(高度)用y_C来表示。

方法一:$y_C=\dfrac{\dfrac{4m}{5}\cdot\dfrac{H}{2}+\rho(\pi r^2 h)\dfrac{h}{2}}{m+\rho(\pi r^2 h)}$,令$k=\rho\pi r^2$,则

$$y_C=\frac{\dfrac{4m}{5}\cdot\dfrac{H}{2}+k\dfrac{h^2}{2}}{m+kh}$$

对上式关于h求导数,并使导数等于0,即$\dfrac{\mathrm{d}y_C}{\mathrm{d}h}=0$,得

$$h=\frac{m}{k}\left(-1\pm\sqrt{1+\frac{4kH}{5m}}\right)$$

省略掉无实际意义的负值,得

$$h=\frac{m}{k}\left(-1+\sqrt{1+\frac{4kH}{5m}}\right)=\frac{m}{\rho\pi r^2}\left(\sqrt{1+\frac{4\pi r^2\rho H}{5m}}-1\right)$$

当杯中茶水的高度满足上式时,茶水杯质心高度最低,系统最稳定。

方法二:随着茶水的不断加入,茶水和茶水杯构成的系统质心的高度先降低后升高。即刚开始茶水的注入使得系统质心降低,随着茶水水面的上升,这种降低作用越来越小。当系统质心和茶水水面高度相同时,再加入的茶水使得质心高度不是降低而是升高,故系统质心和茶水水面高度相同时,系统质心最低。

使 $$y_C=\frac{\dfrac{4m}{5}\cdot\dfrac{H}{2}+\rho(\pi r^2 h)\dfrac{h}{2}}{m+\rho(\pi r^2 h)}=h$$

解得$h=\dfrac{m}{\rho\pi r^2}\left(\sqrt{1+\dfrac{4\pi r^2\rho H}{5m}}-1\right)$,与方法一结果相同。

显然,方法二更简便,物理图像也更清晰。

本 章 小 结

(1) 牛顿三定律是动力学的基础。

第一定律:任何物体都保持静止或匀速直线运动状态,直到其他物体的作用力迫使它改变这种状态为止。

第二定律:物体受外部作用时,加速度的大小与合外力$\boldsymbol{F}$的大小(单位:牛顿)成正比,与物体的质量m(单位:千克)成反比;加速度$\boldsymbol{a}$(单位:千克/米^2)的方向与合外

力的方向相同,即

$$F = ma$$

第三定律:两个物体之间的作用力 F_1 和反作用力 F_2 总是大小相等,方向相反,作用在同一直线上,即

$$F_1 = -F_2$$

(2) 物体处于匀速直线运动状态或者静止状态,均称为物体处于平衡状态。物体处于平衡状态的充要条件:所受合力为零。

(3) 质点动量定理:作用在物体上的合外力的冲量等于物体动量的增量。

$$\int_{t_1}^{t_2} F \mathrm{d}t = mv_2 - mv_1$$

(4) 质点系动量定理:外力的冲量的矢量和等于质点系动量的增量。改变体系动量的是外力的作用,内力不能改变体系的动量。

$$I_外 = \int_{t_1}^{t_2} F_外 \, \mathrm{d}t = p_2 - p_1$$

质点系的动量定理与质点的动量定理具有相同的形式。

(5) 如果整个运动过程中,质点系始终不受外力的作用(孤立体系),或者所受到的外力的矢量和始终为零,则体系动量将始终保持恒定,该过程动量守恒。

对于爆炸、碰撞之类的过程,持续时间很短,有限的外力(如系统受到的重力)产生的冲量可以忽略,则过程中动量近似守恒。

考虑到冲量、动量的矢量特征,当质点系沿某一方向受到的外力的矢量和为零时,该方向动量分量守恒。

(6) 质点的动能定理:质点末态的动能减初态的动能(动能的增量)等于从初态到末态的过程中合(外)力的功。

$$A = \frac{1}{2}mv_2^2 - \frac{1}{2}mv_1^2 = E_{k2} - E_{k1} = \Delta E_k$$

(7) 质点系的机械能定义为质点系的动能加上系统内各个质点的势能。在一个运动过程中,如果系统仅受到保守力作用,或者仅有保守力做功,则系统机械能守恒。

(8) 质心运动定理:质心动量的变化率等于质点系受到的外力的矢量和。改变质心运动状态的是外力,质点系内部的相互作用力不能改变质心的运动状态。

$$F = \frac{\mathrm{d}p_c}{\mathrm{d}t}$$

(9) 牛顿运动定律、动量定理、动能定理适用于惯性系。

思　考　题

2.1　举例说明以下两种说法是不正确的:

(1) 物体受到的摩擦力的方向总是与物体的运动方向相反；

(2) 摩擦力总是阻碍物体运动的。

2.2 如图 2-8 所示，A、B 两物块的质量分别是 $2m$ 和 m，静止叠放在水平地面上。A、B 之间的动摩擦系数为 μ，B 与地面之间的动摩擦系数为 $\mu/2$。最大静摩擦力等于滑动摩擦力。重力加速度为 g。现对 A 施加一水平拉力 F，则(　　)。

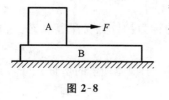

图 2-8

A. 当 $F<2\mu mg$ 时，A、B 都相对地面静止

B. 当 $F=5\mu mg/2$ 时，A 的加速度为 $\mu g/3$

C. 当 $F>3\mu mg$ 时，A 相对 B 滑动

D. 无论 F 为何值，B 的加速度不会超过 $\mu g/2$

2.3 人从高处跳下后，落地时一般都是让脚尖先着地，是为了(　　)。

A. 减小冲量

B. 使动量的增量变得更小

C. 增加和地面的冲击时间，从而减小冲力

D. 增大人对地面的压强，起到安全作用

2.4 质量为 m 的质点，以不变速率 v 沿图 2-9 中正三角形 ABC 的水平光滑轨道运动，质点越过 A 角时，轨道作用于质点的冲量的大小为(　　)。

A. $3mv$　　　　B. $\sqrt{3}mv$　　　　C. $\sqrt{2}mv$　　　　D. $2mv$

2.5 某水手想用木板抵住船舱中一个正在漏水的孔，但力气不足，水总是把板冲开。后来在另一个水手的帮助下，共同把板紧压住漏水的孔以后，他就可以一个人抵住木板了。试解释为什么两种情况下需要的力不同？

2.6 在经典力学中，下列哪些物理量与参考系的选取有关：路程、质量、动量、冲量、动能、势能、功。

2.7 一质点在如图 2-10 所示的坐标平面内做圆周运动，有一力 $\boldsymbol{F}=F_0(x^2\boldsymbol{i}+y^2\boldsymbol{j})$ 作用在质点上。在该质点从坐标原点运动到 $(0,2R)$ 位置过程中，力 $\boldsymbol{F}$ 对它所做的功为(　　)。

A. $\sqrt{2}F_0R^3$　　　　B. $\dfrac{4}{3}F_0R^3$　　　　C. $\dfrac{8}{3}F_0R^3$　　　　D. $3F_0R^3$

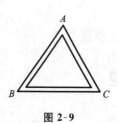

图 2-9

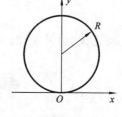

图 2-10

2.8　确定半径为 R、质量分布均匀半圆形金属线的质心位置。

2.9　在光滑的地面上平放一半径为 R、质量为 M 的圆环，一质量为 m 的小虫子沿着此圆环由静止开始爬行。求小虫子和圆环中心各自的运动轨迹。

练 习 题

2.1　如图 2-11 所示，质点质量为 $0.4\ \text{kg}$，绳子质量忽略。斜绳与竖直方向夹角 θ 为 37°。当小车向右的加速度分别为 $5\ \text{m/s}^2$ 和 $10\ \text{m/s}^2$ 时，求两绳子的拉力。（$\sin\theta=0.6,\cos\theta=0.8,g=10\ \text{m/s}^2$）

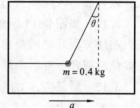

图 2-11

2.2　竖直下垂的绳子从静止自由下落，绳子均匀、柔软，线密度为 λ，全长 L。假设开始时刻绳子下端刚好和地面接触，求下落过程中地面受到的力与时间的关系式。

2.3　一根线密度为 ρ 的不可伸长的柔软细绳堆放在光滑的水平桌面上，现用一方向恒定的水平力拉其一端，使绳以速度 v 匀速伸长，求水平拉力的大小与绷直（运动）部分绳子长度的关系。

2.4　一根线密度为 ρ 的不可伸长的柔软细绳堆放在光滑的水平桌面上，现用一方向恒定的水平力拉其一端，使绳从静止开始做匀加速运动，加速度为 a，求水平拉力与绷直（运动）部分绳子长度 L 的关系。

2.5　长为 L、质量为 m 的不可伸长的均质柔软细绳堆放在水平地面上，现以竖直向上的恒力拉绳子的一端，当绳的另一端刚好离开地面时，其速度为 v。求拉力 F。

2.6　有一张桌子高 $1\ \text{m}$，在其水平桌面的中间有一个洞。一根长度为 $1\ \text{m}$ 的细金属链自然地盘绕着堆放于洞口。现让链条的一端放进洞口一点点，然后松开链条，使链条从静止开始，越来越快地通过小洞下落，问从开始到链条末端达到地面需要的时间。忽略一切摩擦。

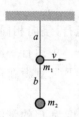

图 2-12

2.7　如图 2-12 所示，上、下两段细绳长度分别为 a 和 b，小球质量分别为 m_1 和 m_2。系统静止，现打击小球 m_1 使其突然获得水平速度 v。求打击前、后两段绳中张力变化量的比值。

2.8　光滑水平桌面上有两个质量分别为 m_1 和 m_2 的小球，通过长度为 l 的不可伸长的细绳相连，初始时细绳处于拉直状态。另一质量为 m_3 的小球以速度 v_0（方向与绳子垂直）与 m_1 发生对心碰撞，碰撞过程为完全弹性。求碰后瞬时绳中的张力。

2.9　如图 2-13 所示，将一单摆摆球拉至水平位置，然后由静止释放。求：
（1）摆球的加速度的大小随角度 θ 的变化关系；

(2) 摆线张力的大小随角度 θ 的变化关系;

(3) 当小球速度的竖直分量最大时的角度 θ。

2.10 一质量足够大,半径 $r=10$ cm 的金属圆盘,在水平面上以 60 r/min 的速度旋转。一小物块从高 10 cm 处自由下落,与圆盘的碰撞为完全弹性碰撞。物块与圆盘之间的摩擦系数为 0.1。要使物块第二次仍落在圆盘上,求第一次应落在圆盘的什么范围?

2.11 一帆船在静水中顺风漂行,风速为 v_0。船速多大时,风供给船的功率最大。设帆面与风向垂直,且为完全弹性面。

2.12 如图 2-14 所示,两个质量均为 m 的小球自悬挂点开始无初速下滑,无摩擦。小球与圆环的质量比至少为多少时圆环会上升? 求解当小球与圆环的质量比为临界值时圆环上升时小球的角位置。

2.13 质量为 m 的金属块与质量为 M 的木板通过细绳连在一起,从静止开始以加速度 a 在水中下沉,经时间 t_1 细绳断开,金属块与木块分离。再经过时间 t_2,木块速度为零,但尚未露出水面,求此时金属块的速度。

2.14 倾角为 37°、质量为 7 kg 的斜面放置在水平地面上,其间摩擦系数为 0.5。质量为 2 kg 的 A 物体和质量为 1 kg 的 B 物体用轻绳跨过光滑定滑轮连接,开始时 B 静止在地面上,轻绳拉直,如图 2-15 所示。若放手后 A 开始沿斜面下滑,当滑行 1 m 时,其速度为 1 m/s,在这过程中斜面没有动。试求地面对斜面的支持力和摩擦力的大小和方向。($g=10$ m/s^2)

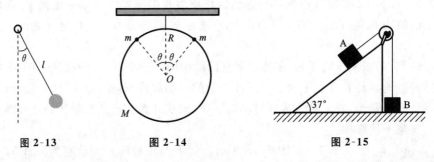

图 2-13   图 2-14   图 2-15

2.15 两颗人造地球卫星 A 和 B 都在同一平面内的圆轨道上运行,绕向相同,卫星 A 的轨道半径为 r。某时刻,B 恰好在 A 的正上方 h 高处,$h \ll r$。A 运行一周时,B 在 A 的后方,且 A、B 对地心的张角为(   ),经过时间(   ),B 又重新在 A 的上方。已知地球半径为 R,重力加速度大小为 g。

2.16 一质量为 m 的小环 A 套在光滑的水平固定杆上,并用长度为 L 的细绳与质量也为 m 的小球 B 连接。先将细绳拉直至水平方向,然后由静止释放此体系。试求:

(1) 当绳与水平杆之间的夹角为多大时,小球的速度最大? 并求出此最大值。

（2）小球速度达最大时,绳中的张力为多大?

2.17　如图 2-16 所示,轻绳的一端连接于天花板上的 A 点,绳上距 A 点为 a 处有一个质量为 m 的质点 B,绳的另一端跨过 C 处的定滑轮(滑轮的质量可以忽略,C 与 A 在同一水平线上),某人握住绳的自由端,以恒定的速率 v 收绳,当绳收至图示位置时(B 两边的绳与水平线夹角分别为 α 和 β),求右边绳子的张力。

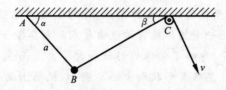

图 2-16

2.18　一质量为 m 的青蛙蹲在木板一端,木板质量为 M,长度为 L,自由地浮在水面上。现青蛙欲跳起落到木板的另一端,求其起跳的最小速度。(忽略水对木板运动的阻力)

2.19　如图 2-17 所示,质量分别为 m_a、m_b 的小球 a、b 放置在光滑水平面上,两球之间用一原长为 l_0、劲度系数为 k_0 的轻弹簧连接。当 $t=0$ 时,弹簧处于原长,小球 a 有一沿两球连线向右的初速度 v_0,小球 b 静止。若运动过程中弹簧始终处于弹性形变范围内,求两球在任一时刻 $t(t>0)$ 的速度。

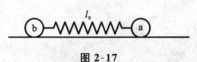

图 2-17

2.20　如图 2-18 所示,质量分别为 m_a、m_b 的小球 a、b 之间用一原长为 l_0、劲度系数为 k_0 的轻弹簧连接,用细线悬挂于天花板上,两小球均处于平衡状态。当 $t=0$ 时,突然剪断细绳,求两球在任一时刻 $t(t>0)$ 的速度。

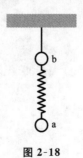

图 2-18

第3章 刚体力学基础

前面两章我们把所研究的物体视为质点,介绍了质点运动学以及质点动力学规律。通过学习,我们知道一个物体能否被视为质点是要具备一些条件的,即在所讨论的问题中,只考虑其质量,忽略了物体的形状和大小。然而在一些实际问题中,研究某些物体的运动时,不能忽略其形状和大小。例如,机器上面齿轮的转动、自行车轮的滚动、炮弹的自旋、起重机的平衡等问题,这些物体的运动与其形状和大小密切相关,所以,这时就不能把该物体看作质点。但是,如果把物体的形状和大小以及它们的变化都考虑在内的话,则问题会变得相当复杂。在某些情况下,有些物体受力时物体的形变很小,可以将它们忽略不计,这时我们就可以把复杂问题简单化,即把该物体理想化,类比于质点模型。在本章中,我们提出另一个理想模型——刚体,即在力的作用下,其形状和大小都不发生变化的物体。

　　刚体虽然不能被直接当作质点,但是在学习的过程中,我们可以把刚体看成是由许许多多的质点组成的,由于刚体不变形,所以各质点间没有相对位移,那么刚体就是一个包含有大量质点且各质点间距离不变的质点系。每一个质点所遵从的运动规律在前面章节已经学习了,把所有质点的运动给它累加起来,就得到刚体的运动规律,这是学习刚体力学的基本方法。本章主要介绍刚体的定轴转动,包括刚体绕定轴转动的转动定律、动量矩定理及动量矩守恒定律、动能定理等。这些内容在工程实际问题中有着广泛而重要的应用。

3.1　刚体运动的描述

3.1.1　刚体的平动

　　刚体最基本的运动形式是平动和转动。当刚体运动时,连接刚体上任意两点的线段在各个时刻的位置都保持平行,该运动称为刚体的平动。例如,如图 3-1(a)所示,在一辆沿着斜面运动的小车上,任意做直线 AB,小车在运动的过程中,AB 均保持其方向不变,那么该小车沿斜面做的是平动,并且小车上任一点的轨迹都是直线。反过来,大家思考一下,是不是做平动的刚体上面各点的运动轨迹都是直线呢? 答案是不一定。我们来看图 3-1(b),搬运工沿图中的虚线轨迹将一箱货物由 1 处搬到 3 处,货物上各点都在做曲线运动,但是货物上面 AB 的方向在货物移动的过程中始终不变,所以货物的运动还是平动。那么刚体在做平动时,其上各部分有什么共同点呢? 从上面的例子可以看出,任意时刻,平动刚体上各点的速度、加速度都相同。所以,刚体做平动时,刚体上各部分的运动情况都是一样的,即任何一点的运动都可以代表整个刚体的运动,这时可以把做平动的刚体视为质点来研究。

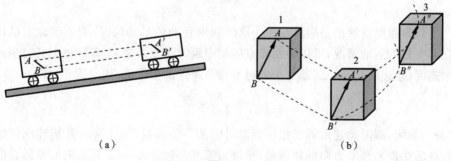

（a）　　　　　　　　　　　　　　　　　　　　　（b）

图 3-1

3.1.2　刚体的定轴转动

　　关于刚体的转动,本章主要讨论最简单的转动情况——刚体绕固定轴的转动,简称为定轴转动。如果刚体上所有点都以某一固定的直线上的点为圆心,在垂直于该直线的平面内做圆周运动,那么该刚体的运动为定轴转动,该直线为转轴,垂直于转轴的平面称为转动平面。例如,门在开关的过程中,电风扇在摆头的过程中以及机器上飞轮的转动等。

　　下面来讨论刚体绕定轴转动的运动学问题。刚体定轴转动时,轴上各点均保持不动,轴外各部分都在转动平面内做圆周运动,由于各部分到轴的距离不同,所以在Δt时间内,各部分对应的位移、速度、加速度各不相同,而各部分对应的角位移、角速度、角加速度均相同。因此,在描述刚体的定轴转动时用角量描述就很简单了。

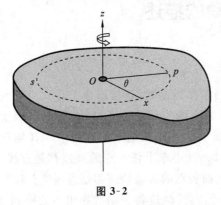

图 3-2

　　设刚体绕z轴转动,按图3-2所示作一垂直于z轴的平面s,s与z轴相交于O,p是在s面内刚体上的一质点,当刚体绕轴逆时针转动时,设t时刻Op与参考方向Ox的夹角为θ,θ称为质点p在t时刻的角位置。角位置的单位为弧度(rad),在刚体转动的过程中,质点p的角位置会发生变化,那么角位置θ是随时间t变化的单值函数,即

$$\theta = \theta(t) \tag{3-1}$$

就是刚体绕定轴转动的运动学方程。根据此方程,可以知道刚体在任意时刻的位置。

　　若在$t + \Delta t$时刻质点的角位置为$\theta + \Delta\theta$,则Δt时间内质点转过的角度为$\Delta\theta$,$\Delta\theta$表示刚体在Δt时间内的位置变化,称为刚体在Δt时间内的角位移,那么刚体在Δt时间内的平均角速度$\bar{\omega}$等于角位移$\Delta\theta$与Δt的比值,即

$$\bar{\omega} = \frac{\Delta\theta}{\Delta t} \tag{3-2}$$

　　平均角速度反映的是刚体在这一段时间内转动的平均快慢,为了精确地描述刚体在某一处的运动情况,可以根据质点运动中瞬时速度的定义,即刚体在某时刻的瞬时角速度(角速度)等于Δt趋近于零时平均角速度的极限值,用ω表示,即

$$\omega = \lim_{\Delta t \to 0} \frac{\Delta\theta}{\Delta t} = \frac{d\theta}{dt} \tag{3-3}$$

式(3-3)表明,瞬时角速度等于角位置对时间的一阶导数,角速度ω是描述刚体绕定轴转动的快慢和转动方向的物理量,单位为弧度每秒(rad/s)。其方向沿着转轴的方向,具体方向满足右手螺旋定则。首先,右手大拇指伸直,右手四指沿着刚体转动的方向弯曲,则大拇指的方向为角速度的方向。任意时刻,绕定轴转动的刚体上各质点具有相同的角速度。工程上还经常用转速描述刚体转动的快慢,单位为转(圈)每分钟(r/min),则角速度与转速之间的关系为

$$\omega = \frac{\pi n}{30} \tag{3-4}$$

当刚体做匀速转动时，角速度是一常量；当刚体做变速转动时，角速度时刻在变化，假设 t 时刻，刚体的角速度为 ω，$t+\Delta t$ 时刻，刚体的角速度为 $\omega+\Delta\omega$，则在 Δt 时间内的平均角加速度为

$$\bar{\beta} = \frac{\Delta\omega}{\Delta t} \tag{3-5}$$

同样，平均角加速度只是粗略地反映这一段时间内角速度变化的平均快慢，为了精确地描述刚体在某一时刻或某一位置角速度随时间变化的情况，令 $\Delta t \to 0$，则相应地 $\Delta\omega \to 0$，其比值 $\Delta\omega/\Delta t$ 将趋于一个有限大小的极限值，该极限值称为刚体在 t 时刻的瞬时加速度，简称角加速度。所以，刚体在某时刻的瞬时角加速度（角加速度）等于 Δt 趋近于零时平均角加速度的极限值，用 β 表示，即

$$\beta = \lim_{\Delta t \to 0} \frac{\Delta\omega}{\Delta t} = \frac{\mathrm{d}\omega}{\mathrm{d}t} = \frac{\mathrm{d}^2\theta}{\mathrm{d}t^2} \tag{3-6}$$

式（3-6）表明，瞬时角加速度等于角速度对时间的一阶导数，角位置对时间的二阶导数。角加速度 β 是描述刚体角速度变化快慢的物理量，单位为弧度每秒方（$\mathrm{rad/s^2}$）。其方向也沿转轴的方向。当角加速度与角速度方向一致时，刚体加速转动；当角加速度与角速度方向相反时，刚体减速转动。任意时刻，绕定轴转动的刚体上各点都具有相同的角加速度。

当刚体绕定轴做匀速转动时，其角速度 ω 是一常数，角加速度 β 等于零；当刚体绕定轴做匀变速转动时，其角加速度是一常数。第 1 章学习了质点做匀速直线运动和匀变速直线运动的相关公式，为了便于类比与记忆，我们把质点与刚体做匀速以及匀变速运动中相关的关系列于表 3-1 中。

表 3-1　质点与刚体定轴转动相关公式

质点匀速直线运动	刚体绕定轴匀速转动
$x = x_0 + vt$	$\theta = \theta_0 + \omega t$
质点匀变速直线运动	刚体绕定轴匀变速转动
$v = v_0 + at$	$\omega = \omega_0 + \beta t$
$x = x_0 + v_0 t + \dfrac{1}{2}at^2$	$\theta = \theta_0 + \omega_0 t + \dfrac{1}{2}\beta t^2$
$v^2 = v_0^2 + 2a(x - x_0)$	$\omega^2 = \omega_0^2 + 2\beta(\theta - \theta_0)$

【例 3-1】　某发动机飞轮的转速在 12 s 内由 1200 r/min 均匀地增加到 3000 r/min，试求：(1) 飞轮的角加速度；(2) 12 s 内转过的圈数。

解　(1) 根据题意可知，发动机飞轮做匀加速转动，转动的加速度 $\omega_1 = \dfrac{\pi n_1}{30} =$

$40\pi, \omega_2 = \dfrac{\pi n_2}{30} = 100\pi$，则

$$\beta = \frac{100\pi - 40\pi}{12} \ \text{rad/s} = 5\pi \ \text{rad/s}$$

(2) 12 s 内飞轮转过的角位移 $\Delta\theta = \dfrac{\omega_2^2 - \omega_1^2}{2\beta t} = 840\pi$，则 12 s 内转过的圈数

$$N = \frac{\Delta\theta}{2\pi} = 420$$

3.2　刚体定轴转动定律

根据牛顿第二定律，我们知道，力是质点产生加速度的原因，即使平动物体运动状态发生变化的原因，那么改变刚体的转动状态，光有力是不行的，必须要有力矩。例如，我们在开关门的时候，在力大小相同的情况下，作用在门上的力的方向不同时，门有时能被推开，有时不能被推开。这说明要让刚体绕定轴转动，作用在刚体上的力不仅与作用力的大小有关，还与力的作用点和力的方向有关。

3.2.1　力矩

设有一个刚体绕 z 轴转动，刚体平面与轴相交于 O，力 $\boldsymbol{F}$ 作用于刚体上 A 点，且在刚体平面内，如图 3-3 所示。从 O 到力的作用线的垂直距离 d 称为力臂，由 O 指向 A 点的有向线段 r 称为矢径，则力 $\boldsymbol{F}$ 相对于转轴 Oz 的力矩表示为

$$\boldsymbol{M} = \boldsymbol{r} \times \boldsymbol{F} \tag{3-7}$$

力矩 $\boldsymbol{M}$ 是矢量，它的大小为 $M = Fd = Fr\sin\alpha$，α 是 $\boldsymbol{r}$ 与 $\boldsymbol{F}$ 的夹角；其方向沿转轴方向，或者沿 z 轴正方向或者沿其负方向，具体判定满足右手螺旋定则：右手四指先指向 r 的方向，接着沿着手心小于 $180°$ 转向 $\boldsymbol{F}$ 的方向，则大拇指的指向为力矩的方向，$\boldsymbol{M}$ 的方向总是垂直于 r 与 $\boldsymbol{F}$ 所决定的平面。力矩的单位为牛·米（N·m）。若力 $\boldsymbol{F}$ 的作用线经过 O 时，位矢 r 为零，则 $\boldsymbol{F}$ 对 Oz 轴的力矩为零；若 $\boldsymbol{F}$ 的方向与 Oz 轴平行，则 $\boldsymbol{M}$ 垂直于 Oz 轴，因而 $\boldsymbol{F}$ 对 Oz 轴的力矩也为零，所以，只要与转轴平行的力，对该轴的力矩都为零。如图 3-4 所示，如果力 $\boldsymbol{F}$ 既不在刚体平面内也不与转轴平行，这时可以把力 $\boldsymbol{F}$ 分解成在平面内的分量 $\boldsymbol{F}_{\perp}$ 和与轴平行的分量 $\boldsymbol{F}_{/\!/}$，平行分量对转轴的力矩为零，因而力 $\boldsymbol{F}$ 对转轴的力矩就是 $\boldsymbol{F}_{\perp}$ 对转轴的力矩。

当有多个外力同时作用于一个绕定轴转动的刚体时，其合外力矩等于所有外力矩的代数和。由于做定轴转动的刚体所受外力矩的方向沿转轴，因此，可在转轴上规定一个力矩的正方向，若按右手螺旋定则判断力矩的方向与规定的正方向相同，则该力矩为正，反之，为负。

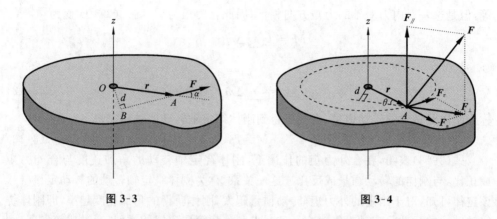

图 3-3　　　　　　　　　　　　　　　　　　　图 3-4

3.2.2　刚体定轴转动定律

与质点运动相类比,我们知道力是改变质点运动状态的原因,而力矩是改变刚体转动状态的原因。当一个绕定轴转动的刚体受到对于转轴的合外力矩为零时,它将保持原有的转动状态,即保持静止或做匀角速转动,这说明刚体具有保持其转动惯性的性质。当刚体受到对于转轴的合外力矩不为零时,它的转动状态将会发生变化。下面来讨论外力矩与刚体转动状态之间的关系。

如图 3-5 所示,刚体虽不能被直接当作质点,但可以设想刚体是由大量质点组成的,当刚体绕 Oz 轴转动时,刚体上各质点均以转轴为中心做圆周运动,在刚体上任取一质点 k,质点 k 到转轴的垂直距离为 r_k,质点的质量为 Δm_k,此时作用在该质点的力包括除刚体以外的所有力的合力 F_k(外力)和刚体上其他质点对它的作用力的合力 f_k(内力),根据牛顿第二定律,可得

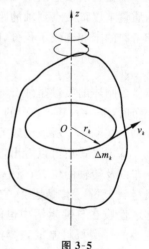

图 3-5

$$F_k + f_k = \Delta m_k \frac{\mathrm{d}v_k}{\mathrm{d}t} \tag{3-8}$$

将以上所有矢量都投影到圆周的切向方向,即可得到

$$F_{k\tau} + f_{k\tau} = \Delta m_k r_k \beta \tag{3-9}$$

式(3-9)两边同乘以 r_k,并对整个刚体求和,则有

$$\sum_k F_{k\tau} r_k + \sum_k f_{k\tau} r_k = \Big(\sum_k \Delta m_k r_k^2\Big)\beta \tag{3-10}$$

式中: $\sum\limits_k F_k r_k$ 为所有作用在刚体上的外力对转轴的力矩的和,用 M 表示; $\sum\limits_k f_{k\tau} r_k$ 为所有内力对转轴的力矩的和,其值等于零。因为内力总是成对出现,如刚体上质点 k 受到质点 j 的作用的同时,质点 j 也受到质点 k 的作用,它们是一对作用力与反作用力,其大小相等,方向相反,并作用在同一直线上,这一对内力对同一转轴的力臂相

等,但是这一对内力对轴的力矩方向相反,因此合力矩为零,则式(3-10)变为

$$M = \left(\sum_k \Delta m_k r_k^2 \right)\beta \tag{3-11}$$

令

$$J = \sum_k \Delta m_k r_k^2 \tag{3-12}$$

称为刚体对转轴的转动惯量,由此可得到刚体绕定轴转动的转动定律

$$M = J\beta \tag{3-13}$$

式(3-13)表明,在合外力矩的作用下,刚体绕定轴转动的角加速度与合外力矩成正比,与刚体的转动惯量成反比。这一关系,称为刚体绕定轴转动的转动定律。从该定律可知,对于给定的外力矩,转动惯量越大,刚体获得的角加速度越小,即刚体绕定轴转动的运动状态越难以改变。这一点和牛顿第二定律相类似,通过比较发现,刚体所受合外力矩与质点所受合外力相对应,刚体的角加速度与质点的加速度相对应,刚体的转动惯量和质点的质量相对应,由此可以看出,转动惯量是刚体做定轴转动时转动惯性大小的量度。

3.2.3　转动惯量的计算

根据转动惯量的定义式(3-12)可知,刚体对转轴的转动惯量等于刚体上各质点的质量乘以该质点到轴的距离的平方的和。如果刚体的质量是连续分布的,则将式(3-12)的求和变成了积分,即

$$J = \int r^2 \, \mathrm{d}m \tag{3-14}$$

当刚体的质量呈线分布时,$\mathrm{d}m = \lambda \mathrm{d}l$;当质量呈面分布时,$\mathrm{d}m = \sigma \mathrm{d}S$;当质量呈体分布时,$\mathrm{d}m = \rho \mathrm{d}V$。式中的 λ、σ 和 ρ 分别表示线密度、面密度和体密度,$\mathrm{d}l$、$\mathrm{d}S$ 和 $\mathrm{d}V$ 分别为在刚体上所取的线元、面积元和体积元。

从定义式还可以看出,影响刚体转动惯量的因素有:刚体的质量、质量相对轴的分布以及转轴的位置;当一个刚体给定了,轴也给定了,那么刚体相对该轴的转动惯量就定了。也就是说,它是由做定轴转动刚体本身的性质决定的。转动惯量的这个性质在日常生活中也能见到。例如,电压表和检流计上面的指针都是采用密度小的轻型材料制成,这样可以提高仪表的灵敏度。转动惯量的单位为千克·平方米($\mathrm{kg \cdot m^2}$)。上面讲了刚体的转动惯量和质点的质量相对应,是一标量,和质量一样具有可加性。例如,一个两端嵌有子弹的细杆围绕其中心轴转动,整个刚体相对转轴的转动惯量就等于各部分(子弹与细杆)对转轴的转动惯量。对于质量分布均匀、几何形状规则且结构简单的刚体,转动惯量可以通过计算求得。对于质量分布不均匀或几何形状不规则、形状较为复杂的刚体,转动惯量往往通过实验来测定。

(1) J 与刚体的总质量有关。

两根等长的细木棒和细铁棒绕端点轴转动(见图 3-6),则

$$J = \int_0^L x^2 \lambda \mathrm{d}x = \int_0^L x^2 \frac{M}{L} \mathrm{d}x = \frac{1}{3} ML^2$$

$$J_{铁} > J_{木}$$

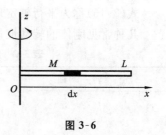

图 3-6

（2）J 与质量分布有关。

圆环绕中心轴旋转（见图 3-7(a)）的转动惯量为

$$J = \int_0^m R^2 \mathrm{d}m = mR^2$$

圆盘绕中心轴旋转（见图 3-7(b)）的转动惯量为

$$\mathrm{d}m = \sigma \mathrm{d}s = \frac{m}{\pi R^2} \cdot 2\pi r \mathrm{d}r$$

$$J = \int_0^m r^2 \mathrm{d}m = \int_0^R \frac{2mr^3}{R^2} \mathrm{d}r = \frac{1}{2} mR^2$$

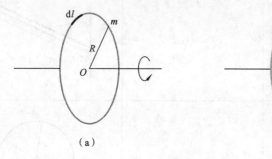

（a）　　　　　　　　　　（b）

图 3-7

（3）J 与转轴的位置有关（见图 3-8）。

$$J = \int_{-\frac{1}{2}L}^{\frac{1}{2}L} x^2 \lambda \mathrm{d}x = \int_{-\frac{1}{2}L}^{\frac{1}{2}L} x^2 \frac{M}{L} \mathrm{d}x = \frac{1}{12} ML^2$$

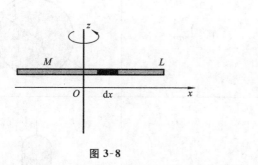

图 3-8

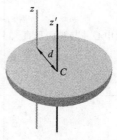

图 3-9

平行轴定理：设一质量为 m 的刚体绕其质心轴 z' 转动时的转动惯量为 $I_{z'}$，现有另外一个与 z' 轴平行且垂直距离为 d 的轴 z，如图 3-9 所示，则刚体绕 z 轴转动时的转动惯量 I 为

$$I = I_{z'} + md^2 \tag{3-15}$$

式(3-15)称为平行轴定理。可见,刚体通过质心轴转动时的转动惯量最小。

几种常见刚体的转动惯量如表 3-2 所示。

表 3-2　几种常见刚体的转动惯量(质量均为 m)

转　　轴	转 动 惯 量	示　意　图
通过杆质心并与杆垂直	$J = \dfrac{1}{12}ml^2$	
通过杆一端并与杆垂直	$J = \dfrac{1}{3}ml^2$	
通过圆环中心并与环面垂直	$J = mr^2$	
通过圆盘中心并与盘面垂直	$J = \dfrac{1}{2}mr^2$	
通过圆柱体几何轴	$J = \dfrac{1}{2}mr^2$	

续表

转　　轴	转 动 惯 量	示　意　图
通过圆柱体中心并与几何轴垂直	$J=\dfrac{1}{4}mr^2+\dfrac{1}{12}ml^2$	
通过球体直径	$J=\dfrac{2}{5}mr^2$	
通过球壳直径	$J=\dfrac{2}{3}mr^2$	

【例 3-2】　一轻绳绕在半径 $R=20$ cm 的飞轮边缘,在绳端施以 $F=98$ N 的拉力,飞轮的转动惯量 $J=0.5$ kg·m²,飞轮与转轴间的摩擦不计,如图 3-10 所示。

求:(1)飞轮转动的角加速度;

(2)如以重量 98 N 的物体挂在绳端,试计算飞轮的角加速度。

解　(1)根据刚体转动定律,可得

$$FR=J\beta$$

$$\beta=39.2 \text{ rad/s}^2$$

(2)分别以重物、飞轮为研究对象,根据牛顿第二定律、刚体定轴转动定律以及线量与角量之间的关系列方程,则有

$$mg-T=ma$$

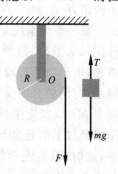

图 3-10

$$TR = J\beta$$
$$a = \beta R$$

联立方程,得 $\beta = \dfrac{mgR}{J + mR^2} = 21.8 \text{ rad/s}^2$。

【例3-3】　如图3-11所示,一平整的桌面上放有一个圆盘,一开始圆盘以角速度 ω_0 转动,其后在摩擦力矩的作用下静止,求:圆盘静止所需要的时间。

解　由于圆盘各部分到轴的距离都不同,所以各部分所受到的摩擦力矩不同,因此,在圆盘上任选一质元

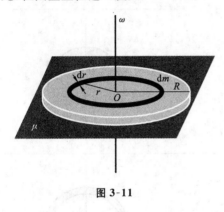

图3-11

$$\mathrm{d}m = \sigma \mathrm{d}s = \sigma \cdot 2\pi r \mathrm{d}r$$
$$\mathrm{d}M = r \mathrm{d}f = r\mu g \mathrm{d}m$$

摩擦力矩

$$M = \int_0^R \mathrm{d}M = \frac{2}{3}\mu mgR$$

根据转动定律

$$M = -J\beta = -J\frac{\mathrm{d}\omega}{\mathrm{d}t}$$

$$\frac{2}{3}\mu mgR = -\frac{1}{2}mR^2\frac{\mathrm{d}\omega}{\mathrm{d}t}$$

$$\int_0^t \mathrm{d}t = -\int_{\omega_0}^0 \frac{3R}{4\mu g}\mathrm{d}\omega$$

$$t = \frac{3R\omega_0}{4\mu g}$$

【例3-4】　如图3-12所示,已知一半径为 R、质量为 M 的定滑轮上绕有一根轻绳,轻绳的两端分别悬挂着质量为 m_1 和 m_2 的重物($m_1 < m_2$)。假定绳不可伸长,绳与滑轮间无摩擦,且滑轮处摩擦可忽略不计。求重物的加速度、滑轮的角加速度、绳子的张力。

解　整个系统是由定滑轮、重物 1 和重物 2 组成的,分别以定滑轮、重物 1 和重物 2 为研究对象。先来看定滑轮,由于轻绳与滑轮间无相对滑动,所以定滑轮做定轴转动,定滑轮分别受两端绳的拉力 T'_1、T'_2(两者不相等),重力 Mg 以及支架的拉力 T 作用,重力和支架拉力的作用线经过了滑轮的轴心,所以这两个力对轴的力矩均为零,这时,只有绳两端的拉力对轴产生力矩,则定滑轮所受合外力矩为 T'_1、T'_2 对轴产生力矩的代数和,根据刚体转动定律,有

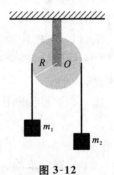

图3-12

$$T'_2 r - T'_1 r = J\beta$$

分别以两个重物为研究对象,进行受力分析,取向下为 x 轴正方向,如图 3-13 所示,由于轻绳不可伸长,所以两个重物运动的加速度相同,根据牛顿第二定律

$$m_1 g - T_1 = -m_1 a$$

$$m_2 g - T_2 = m_2 a$$

由题意可知,$J = \dfrac{1}{2} MR^2$,$T_1' = T_1$,$T_2' = T_2$,$a = \beta R$,$T = Mg + T_1' + T_2'$。

联立以上方程,可得

$$\beta = \frac{(m_2 - m_1)g}{(m_1 + m_2 + M/2)R}$$

$$a = \frac{(m_2 - m_1)g}{(m_1 + m_2 + M/2)}$$

$$T_1' = T_1 = \frac{\left(2m_1 m_2 + \dfrac{1}{2} m_1 M\right)g}{m_1 + m_2 + \dfrac{1}{2} M}$$

$$T_2' = T_2 = \frac{\left(2m_1 m_2 + \dfrac{1}{2} m_2 M\right)g}{m_1 + m_2 + \dfrac{1}{2} M}$$

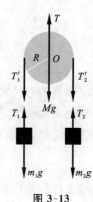

图 3-13

3.3　刚体的角动量和角动量守恒

在描述质点的运动规律时,我们知道动量也是描述物体运动状态的物理量,并且在研究质点间的打击碰撞等问题时,动量的这一概念非常重要。但是,当研究刚体的转动问题时,发现就不能用动量来描述了。这是因为无论刚体处于静止状态还是转动状态,根据质点系动量的定义,它的总动量都是零。这说明动量不能描述该刚体的运动状态。因此,需要引入一个新的物理量——动量矩,也称为角动量,它可以描述刚体的运动状态。

3.3.1　质点对固定点的角动量及角动量定理

一质量为 m 的质点,在力 F 的作用下运动,某时刻它的速度为 v,质点相对于固定点 O 的位矢为 r,如图 3-14 所示,该质点对 O 的角动量为

$$L = r \times mv \tag{3-16}$$

角动量是一矢量,它的大小等于 $mvr\sin\alpha$(α 为位矢与速度的夹角)。角动量的方向满足右手螺旋定则:即四指先指向位矢的方向,接着沿着手心小于 $180°$ 转向速度的方向,则此时大拇指的方向为角动量的方向。

对式(3-16)两边同时对时间求导,则

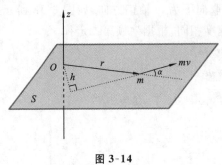

图 3-14

$$\frac{\mathrm{d}\boldsymbol{L}}{\mathrm{d}t}=\frac{\mathrm{d}\boldsymbol{r}}{\mathrm{d}t}\times(m\boldsymbol{v})+\boldsymbol{r}\times\frac{\mathrm{d}(m\boldsymbol{v})}{\mathrm{d}t} \quad (3\text{-}17)$$

上式右边第一项为零,在惯性系中,物体的质量是一个常量,上式右边第二项$\dfrac{\mathrm{d}(m\boldsymbol{v})}{\mathrm{d}t}=\boldsymbol{F}$,所以

$$\frac{\mathrm{d}\boldsymbol{L}}{\mathrm{d}t}=\boldsymbol{r}\times\boldsymbol{F}=\boldsymbol{M} \qquad (3\text{-}18)$$

该式表明:作用在质点上的合外力矩等于质点角动量随时间的变化率。将上式的时间项移到等号的右边,即 $\boldsymbol{M}\mathrm{d}t$ 称为冲量矩。假设质点在合外力矩 $\boldsymbol{M}$ 的作用下,从 t_1 时刻的角动量 $\boldsymbol{L}_1$ 变为 t_2 时刻的 $\boldsymbol{L}_2$,则在这段时间内,作用于质点的冲量矩等于角动量的变化量,用表达式表示为

$$\int_{t_1}^{t_2}\boldsymbol{M}\mathrm{d}t = \boldsymbol{L}_2 - \boldsymbol{L}_1 \qquad\qquad (3\text{-}19)$$

该结论称为质点的角动量定理。

3.3.2　绕定轴转动刚体的角动量及角动量定理

由刚体定轴转动定律可知

$$\boldsymbol{M}=J\boldsymbol{\beta}=J\,\frac{\mathrm{d}\boldsymbol{\omega}}{\mathrm{d}t}=\frac{\mathrm{d}(J\boldsymbol{\omega})}{\mathrm{d}t}=\frac{\mathrm{d}\boldsymbol{L}}{\mathrm{d}t}$$

刚体对某一转轴的角动量等于它对该轴的转动惯量与其角速度的乘积,角动量的方向与角速度的方向相同,其表达式为 $\boldsymbol{L}=J\boldsymbol{\omega}$。上式表明,作用在定轴转动刚体上的合外力矩,等于该刚体角动量对时间的变化率,将上式变形可得

$$\boldsymbol{M}\mathrm{d}t=\mathrm{d}(J\boldsymbol{\omega}) \qquad\qquad (3\text{-}20)$$

设绕定轴转动的刚体在外力矩的作用下,从 t_1 时刻到 t_2 时刻的这段时间内,刚体的角速度由 $\boldsymbol{\omega}_1$ 变为 $\boldsymbol{\omega}_2$,给上式两边同时积分,可得

$$\int_{t_1}^{t_2}\boldsymbol{M}\mathrm{d}t = J\boldsymbol{\omega}_2 - J\boldsymbol{\omega}_1 \qquad\qquad (3\text{-}21)$$

式(3-21)表明,作用于绕定轴转动刚体的冲量矩等于在同一时间内该刚体角动量的变化量。该结论称为定轴转动刚体的角动量定理。

3.3.3　角动量守恒

1. 质点的角动量守恒

根据质点的角动量定理式(3-18)可知,若 $\boldsymbol{M}=0$,则有 $\boldsymbol{L}=\boldsymbol{C}$。可见,对某一固定点 O,如果作用于质点或质点系的所有外力矩的矢量和为零,那么该质点或质点系对点 O 的角动量为一恒矢量。

质点角动量守恒条件为 $M=0$,其有两种情况:

(1) 质点所受合外力为零,$F=0$,则 $M=0$。此时质点的角动量为一恒量,质点做直线运动。

(2) 质点所受合外力不为零,$F\neq0$,但 $M=0$。质点的位矢与质点所受合力的方向始终在一条直线上,此时质点的角动量是守恒的,如太阳系中的行星绕太阳的运动。

【例 3-5】 人造地球卫星在地球引力的作用下,沿平面椭圆轨道运动,地球中心可看作固定点,是椭圆的焦点之一,卫星的近地点 A 离地面的距离为 439 km,远地点 B 离地面距离为 2384 km,$v_A=8.12$ km/s,地球半径 R 为 6370 km,如图 3-15 所示,求 v_B。

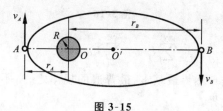

图 3-15

解　人造地球卫星围绕地球中心运动时,受到地球引力的作用,使得人造地球卫星对地球的合外力矩为零,根据角动量守恒可得

$$L_A=L_B$$

质点对固定点的角动量为 $r\times mv$,当人造地球卫星处在 A、B 处时,其对应处的 r 与 v 均垂直,因此可得出

$$mv_Ar_A=mv_Br_B$$

经求解,可得

$$v_B=v_A\,\frac{439+R}{2384+R}=6.31\text{ km/s}$$

2. 绕定轴转动刚体的角动量守恒

由 $M=\dfrac{\mathrm{d}L}{\mathrm{d}t}$ 可知,若 $M=0$,则 $L=C$。说明刚体对某一定轴所受合外力矩为零时,刚体对该轴的角动量为一恒矢量,该结论称为刚体的角动量守恒定律。

(1) 单刚体:对于一个绕定轴转动的刚体,其转动惯量 J 不变,所以当刚体所受合外力矩 $M=0$,则 $J\omega=C$,刚体做匀角速转动。

(2) 非刚体:对于在转动过程中转动惯量可以改变的物体而言,如花样滑冰、跳水、芭蕾舞演员,如图 3-16(a)、(b) 所示,当合外力矩为零时,仍然满足 $L=J\omega=C$。当 J 增大时,ω 减小;当 J 减小时,ω 增大,但两者的乘积保持不变。

(3) 物体系:对于既有转动刚体又有平动物体组成的物体系统而言,若作用于系统的某一定轴的合外力矩为零,则系统对该轴的角动量保持不变,即

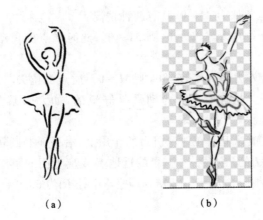

（a）　　　　　　　（b）

图 3-16

$$\sum_{i=1}^{N} L_i = \sum_{i=1}^{N} J_i \omega_i = C$$

角动量守恒定律是自然界最基本、最普遍的规律之一,不仅适用于经典力学,也适用于相对论和微观世界。

【例 3-6】 如图 3-17 所示,一质量为 m 的子弹以水平速度射入一静止悬于顶端长棒的下端,穿出后速度损失 3/4,求子弹穿出后棒的角速度。已知棒长为 l,质量为 M。

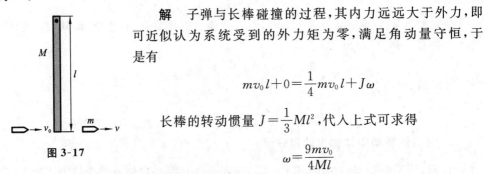

解 子弹与长棒碰撞的过程,其内力远远大于外力,即可近似认为系统受到的外力矩为零,满足角动量守恒,于是有

$$mv_0 l + 0 = \frac{1}{4} m v_0 l + J\omega$$

长棒的转动惯量 $J = \frac{1}{3} M l^2$,代入上式可求得

$$\omega = \frac{9mv_0}{4Ml}$$

图 3-17

3.4 刚体绕定轴转动的功和能

3.4.1 力矩的功

通过前面的学习,我们知道力是改变物体运动状态的原因,力矩是改变刚体转动状态的原因,如果一个绕定轴转动的刚体在外力矩的作用下转过了一段角位移,我们说该力矩对刚体做了功。如图 3-18 所示,刚体绕定轴 O 逆时针转动,角速度的大小

为 ω，一外力 $\boldsymbol{F}$ 作用于刚体上某一点 A，初始时刻 A 点的位矢为 $\boldsymbol{r}$，末时刻对应的位矢为 $\boldsymbol{r}'$，在这段微小的时间内对应的位移为 $\mathrm{d}\boldsymbol{r}$，则力 $\boldsymbol{F}$ 在该过程中做的元功为

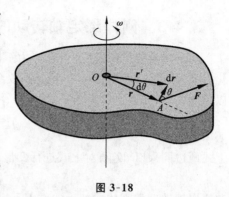

$$\mathrm{d}A = \boldsymbol{F} \cdot \mathrm{d}\boldsymbol{r} = F\cos\theta \,|\,\mathrm{d}\boldsymbol{r}\,| = F_\tau r\mathrm{d}\theta = M\mathrm{d}\theta$$

即

$$\mathrm{d}A = M\mathrm{d}\theta \qquad (3\text{-}22)$$

可见，作用在定轴转动刚体上的外力 $\boldsymbol{F}$ 的元功，等于该力对 O 轴力矩与刚体转过角位移的乘积，也称为力矩的元功。当力矩 M 与 $\mathrm{d}\theta$

图 3-18

的方向一致时，元功 $\mathrm{d}A$ 为正，否则为负。如果刚体从角坐标 θ_1 转到 θ_2，则力矩对刚体所做的功为

$$A = \int_{\theta_1}^{\theta_2} M\mathrm{d}\theta \qquad (3\text{-}23)$$

如果作用在刚体上的力有 $\boldsymbol{F}_1, \boldsymbol{F}_2, \cdots, \boldsymbol{F}_n$，则 M 为所有外力矩的和。所谓力矩的功实质上还是力所做的功，只不过用力矩和刚体的角位移的乘积来表示而已。

3.4.2　刚体的转动动能

当刚体做定轴转动时，刚体上的每个质点都围绕该轴做圆周运动，每个质点的动能之和就是刚体的动能。任取刚体上一个距轴 r_i 的质点，设它的质量为 Δm_i，某时刻的角速度为 ω，对应的线速度大小为 v_i，则该质点的动能为

$$E_{ki} = \frac{1}{2}\Delta m_i v_i^2 = \frac{1}{2}(\Delta m_i r_i^2)\omega^2 \qquad (3\text{-}24)$$

对刚体上所有质点的动能求和，可得到刚体的动能为

$$E_k = \frac{1}{2}\Big(\sum_i \Delta m_i r_i^2\Big)\omega^2 \qquad (3\text{-}25)$$

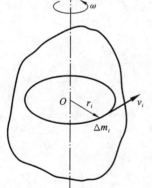

图 3-19

式中：$\displaystyle\sum_i \Delta m_i r_i^2$ 为刚体对该轴的转动惯量 J。式（3-25）可写成

$$E_k = \frac{1}{2}J\omega^2 \qquad (3\text{-}26)$$

即绕定轴转动的刚体的动能，等于刚体绕该轴的转动惯量与角速度平方乘积的一半。这与质点动能表达式很相似。

3.4.3　刚体绕定轴转动的动能定理

功是能量转化的量度,当合外力矩对刚体做功时,刚体的转动动能就要发生变化。根据刚体转动定律可知,刚体所受到的合外力矩等于刚体对该轴的转动惯量乘以角加速度,其表达式为

$$M = J\beta = J\frac{\mathrm{d}\omega}{\mathrm{d}t}$$

上式两边同乘以 $\mathrm{d}\theta$,再对上式进行变形可得到

$$\mathrm{d}A = M\mathrm{d}\theta = J\omega\mathrm{d}\omega \tag{3-27}$$

若绕定轴转动的刚体在外力的作用下,角速度从 ω_1 变为 ω_2,则在此过程中该力对刚体所做的功为

$$A = \int_{\theta_1}^{\theta_2} M\mathrm{d}\theta = J\int_{\omega_1}^{\omega_2}\omega\mathrm{d}\omega = \frac{1}{2}J\omega_2^2 - \frac{1}{2}J\omega_1^2 \tag{3-28}$$

式(3-28)称为刚体绕定轴转动的动能定理。该式表明:合外力矩对一个绕定轴转动的刚体所做的功等于刚体转动动能的增量。

【例 3-7】　如图 3-20 所示,长为 l、质量为 m 的匀质细棒可绕过端点的光滑轴 O 定轴转动。细棒由静止开始从水平位置转动至与水平面成 θ 角,求转至该位置处的角速度以及角加速度。

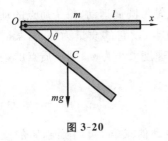

图 3-20

解　杆在转动过程中,只有重力做功,根据刚体定轴转动的动能定理,可得

$$\int_0^\theta M\mathrm{d}\theta = \frac{1}{2}J\omega^2 - 0$$

$$\int_0^\theta \frac{1}{2}mgl\cos\theta\mathrm{d}\theta = \frac{1}{2}J\omega^2 - 0$$

$$\omega = \sqrt{\frac{3g\sin\theta}{l}}$$

根据刚体转动定律,可得

$$M = J\beta$$

$$\frac{1}{2}mgl\cos\theta = \frac{1}{3}ml^2\beta$$

$$\beta = \frac{3g\cos\theta}{2l}$$

3.4.4　刚体的重力势能

如果刚体受到保守力的作用,也可以引入势能,在重力场中的刚体具有一定的重力势能。刚体上所有质元的重力势能求和就可得到整个刚体的重力势能。

设刚体上某一质元 Δm_i 离地面的高度为 h_i（以地面为势能零点），则该质元的重力势能为 $\Delta m_i g h_i$，整个刚体的重力势能为

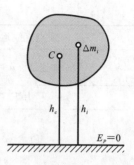

图 3-21

$$E_p = \sum_i \Delta m_i g h_i = g \sum_i \Delta m_i h_i$$

$$= mg \left(\frac{\sum_i \Delta m_i h_i}{m} \right) = mgh_c \qquad (3\text{-}29)$$

式中：m 为刚体的质量；h_c 为刚体质心的高度，如图 3-21 所示。

由式(3-29)可知，刚体的重力势能由质心的高度决定，该结果表明，刚体的重力势能相当于它的全部质量集中于质心处所具有的重力势能。

对于包含有刚体的力学系统，它与质点系机械能守恒条件一样，即只有保守内力做功，则系统的机械能守恒。计算机械能时，动能部分既包含质点的平动动能，还包括刚体的转动动能；势能既包括质点的重力势能、弹性势能，还包括刚体的重力势能。

【例 3-8】　如图 3-22 所示，一半径为 R、质量为 M 的齿轮，其上绕有一轻质细绳（绳不可伸长），下方系一质量为 m 的物体，初始时，轮静止不动，物体静止在 A 处，求当物体下落 h 高度后对应该时刻的速度。

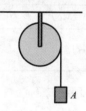

图 3-22

解　以物体、齿轮、地球组成的系统为研究对象，系统中只有保守力做功，所以满足机械能守恒，故有

$$mgh = \frac{1}{2} mv^2 + \frac{1}{2} J \omega^2$$

其中，$v = \omega R$，$J = \frac{1}{2} MR^2$（齿轮的转动惯量），将其代入上式得

$$v = 2 \left(\frac{mgh}{M + 2m} \right)^{\frac{1}{2}}$$

本 章 小 结

质点运动规律与刚体定轴转动规律相关物理量及公式类比。

质点直线运动	刚体定轴转动
位置矢量 $\boldsymbol{r}$	角位置 θ
位移 $\Delta \boldsymbol{r}$	角位移 $\Delta \theta$
速度　$v = \dfrac{\mathrm{d}\boldsymbol{r}}{\mathrm{d}t}$	角速度　$\omega = \dfrac{\mathrm{d}\theta}{\mathrm{d}t}$

续表

质点直线运动	刚体定轴转动
加速度 $a=\dfrac{\mathrm{d}v}{\mathrm{d}t}$	角加速度 $\beta=\dfrac{\mathrm{d}\omega}{\mathrm{d}t}$
力 F	力矩 M
质量 m	转动惯量 $J=\Delta m_i r_i^2$(不连续) $J=\displaystyle\int_m r^2\,\mathrm{d}m$(连续)
牛顿第二定律 $F=ma$	转动力矩 $M=J\beta$
动量 mv	角动量 $L=J\omega$
力的冲量 $\displaystyle\int F\mathrm{d}t$	冲量矩 $\displaystyle\int M\mathrm{d}t$
动量定理 $\displaystyle\int_{t_1}^{t_2} F\mathrm{d}t=mv_2-mv_1$	角动量定理 $\displaystyle\int_{t_1}^{t_2} M\mathrm{d}t=J\omega_2-J\omega_1$
动量守恒定律 $\sum F=0$,则 $\sum mv=$ 常量	角动量守恒定律 $\sum M=0$,则 $\sum J\omega=$ 常量
力做的元功 $\mathrm{d}A=F\cdot\mathrm{d}r$	力矩做的元功 $\mathrm{d}A=M\mathrm{d}\theta$
平动动能 $E_k=\dfrac{1}{2}mv^2$	转动动能 $E_k=\dfrac{1}{2}J\omega^2$
动能定理 $A=\Delta E_k=\dfrac{1}{2}mv_2^2-\dfrac{1}{2}mv_1^2$	动能定理 $A=\Delta E_k=\dfrac{1}{2}J\omega_2^2-\dfrac{1}{2}J\omega_1^2$
重力势能 mgh	重力势能 mgh_c(h_c 质心高度)
机械能守恒 只有 $A_{保内}$,则 $E_k+E_P=$ 恒量	

思 考 题

3.1 当刚体转动的角速度很大时,作用在它上面的力或力矩一定也很大?

3.2 走钢丝的杂技演员,表演时为什么要拿一根长直棍?

3.3 有多个力作用在刚体上时,其合外力矩等于其合外力对转轴的力矩,还是所有外力矩的和?

3.4 在一个系统中,如果系统角动量守恒,动量是否也守恒? 反之,如果系统的动量守恒,角动量是否也一定守恒?

3.5 一只小球从远处沿直线飞过来撞在一个绕固定端旋转的轻质细杆的另一

端,将细杆与小球看作一个系统,忽略所有的摩擦力,则在碰撞的瞬间系统的动量是否守恒? 角动量是否守恒?

3.6　有一个在竖直平面上摆动的单摆,则摆球对悬挂点的角动量守恒吗?

练 习 题

3.1　关于刚体对轴的转动惯量,下列说法中正确的是(　　)。

A. 只取决于刚体的质量,与质量的空间分布和轴的位置无关

B. 取决于刚体的质量和质量的空间分布,与轴的位置无关

C. 取决于刚体的质量、质量的空间分布和轴的位置

D. 只取决于转轴的位置,与刚体的质量和质量的空间分布无关

3.2　一圆盘绕过盘心且与盘面垂直的轴 O 以角速度 ω 按图 3-23 所示方向转动,若按图 3-23 所示的情况那样,将两个大小相等、方向相反但不在同一条直线的力 F 沿盘面同时作用到圆盘上,则圆盘的角速度(　　)。

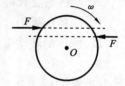

图 3-23

A. 必然增大　　　　　　B. 必然减少

C. 不会改变　　　　　　D. 如何变化,不能确定

3.3　有两个半径相同,质量相等的细圆环 A 和 B,A 环的质量分布均匀,B 环的质量分布不均匀,它们对通过环心并与环面垂直的轴的转动惯量分别为 J_A 和 J_B,则(　　)。

A. $J_A > J_B$　　　　　　B. $J_A < J_B$

C. $J_A = J_B$　　　　　　D. 不能确定 J_A、J_A 哪个大

3.4　将细绳绕在一个具有水平光滑轴的飞轮边缘上,如果在绳端挂一质量为 m 的重物时,飞轮的角加速度为 β_1,如果以拉力 $2mg$ 代替重物拉绳时,飞轮的角加速度将(　　)。

A. 小于 β_1　　　　　　B. 大于 β_1,小于 $2\beta_1$

C. 大于 $2\beta_1$　　　　　　D. 等于 $2\beta_1$

3.5　有两个力作用在一个有固定轴的刚体上,

(1) 当这两个力都平行于轴作用时,它们对轴的合力矩一定是零

(2) 当这两个力都垂直于轴作用时,它们对轴的合力矩可能是零

(3) 当这两个力的合力为零时,它们对轴的合力矩也一定是零

(4) 当这两个力对轴的合力矩为零时,它们的合力也一定是零

在上述说法中,(　　)。

A. 只有(1)是正确的

B. (1)、(2) 正确, (3)、(4)错误

C. (1)、(2)、(3)都正确，(4)错误

D. (1)、(2)、(3)、(4)都正确

3.6 一长为 l 的均匀细棒绕其垂直于平面的一端 O 在水平面内转动,如图3-24所示,现使棒从水平位置由静止开始自由下落,在棒摆动到竖直位置的过程中,说法( )是正确的。

A. 角速度从小到大,角加速度从大到小

B. 角速度从小到大,角加速度从小到大

C. 角速度从大到小,角加速度从大到小

D. 角速度从大到小,角加速度从小到大

3.7 刚体角动量守恒的充分必要的条件是( )。

A. 刚体不受外力矩的作用

B. 刚体所受合外力矩为零

C. 刚体所受的合外力和合外力矩均为零

D. 刚体的转动惯量和角速度均保持不变

3.8 如图 3-25 所示,一长为 20 cm 水平放置的刚性轻质细杆,其质量可忽略不计,其上穿有两个小球,初始时,两小球相对杆中心 O 对称放置,与 O 的距离 $d = 5$ cm,二者之间用细线拉紧。现在让细杆绕通过中心 O 的竖直固定轴作匀角速的转动,转速为 ω_0,此时烧断细线让两球向杆的两端滑动,不考虑转轴的摩擦和空气的阻力,则当两球都滑至杆端时,杆的角速度为( )。

A. ω_0　　　　　B. $2\omega_0$　　　　　C. $\omega_0/2$　　　　　D. $\omega_0/4$

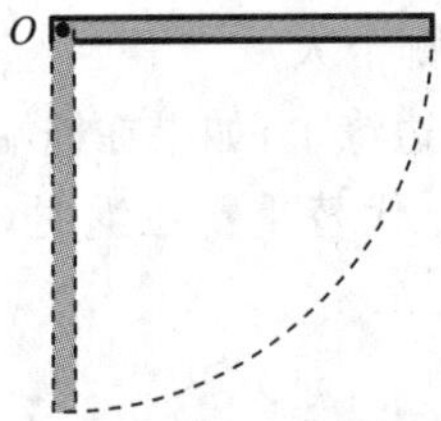

图 3-24 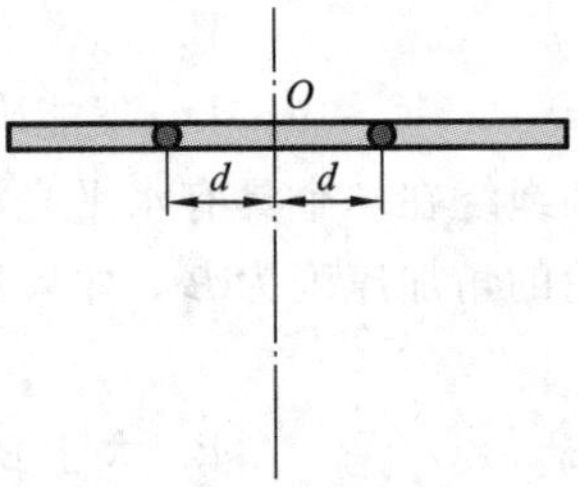　　　　　　　　　　　图 3-25

3.9 有一半径为 R 的水平圆转台,可绕通过其中心的竖直固定光滑轴转动,转动惯量为 J,开始时转台以匀角速度 ω_0 转动,此时有一质量为 m 的人站在转台中心,随后人沿半径向外跑去,当人到达转台边缘时,转台的角速度为( )。

A. $J\omega_0/(J+mR^2)$　　　　　　　　B. $J\omega_0/(J+m)R^2$

C. $J\omega_0/(mR^2)$　　　　　　　　　D. ω_0

3.10 如图 3-26 所示,一静止的均匀细棒,长为 L,质量为 M。可绕通过棒的端点且垂直于棒长的光滑固定轴 O 在水平面内转动,转动惯量为 $\frac{1}{3}ML^2$。一质量为

m、速率为 v 的子弹在水平面内沿与棒垂直的方向射入并穿入棒的自由端,设穿过棒后子弹的速率为 $\frac{1}{2}v$,则此时棒的角速度应为(　　　)。

A. $mv/(ML)$　　　B. $3mv/(2ML)$　　　C. $5mv/(3ML)$　　　D. $7mv/(4ML)$

3.11　为求一半径 $R=50$ cm 的飞轮对于通过其中心且与盘面垂直的固定轴的转动惯量,让飞轮轴水平放置,在飞轮边缘上绕以细绳,绳末端悬重物,重物下落带动飞轮转动。当悬挂一质量 $m_1=8$ kg 的重锤,且重锤从高 2 m 处由静止落下时,测得下落时间 $t_1=16$ s,再用另一质量 $m_2=4$ kg 的重锤做同样的测量,测得下落时间 $t_2=25$ s,假定摩擦力矩是一个常数,求飞轮的转动惯量。

3.12　如图 3-27 所示,一质量均匀分布的圆盘,质量为 M,半径为 R,放在一粗糙水平面上,摩擦系数为 μ,圆盘可绕通过其中心 O 的竖直固定光滑轴转动。开始时圆盘静止,一质量为 m 的子弹以水平速度 v_0 垂直圆盘半径打入圆盘边缘并嵌在盘边上,求:

(1) 子弹击中圆盘后,盘所获得的角速度;

(2) 经过多长时间后,圆盘停止转动(圆盘绕通过 O 的竖直轴的转动惯量为 $MR^2/2$,忽略子弹重力造成的摩擦阻力矩)。

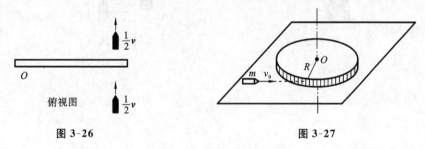

图 3-26　　　　　　　　　　　　　　　　　　　　　图 3-27

3.13　半径为 20 cm 的主动轮,通过皮带拖动半径为 50 cm 的被动轮转动,皮带与轮之间无相对滑动,主动轮从静止开始做匀角加速转动。在 4 s 内被动轮的角速度达到 8π rad/s,求主动轮在这段时间内转过了多少圈。

3.14　一飞轮以角速度 ω_0 绕轴旋转,飞轮对轴的转动惯量为 J_1;另一静止飞轮突然被同轴地啮合到转动的飞轮上,该飞轮对轴的转动惯量为前者的 2 倍,求啮合后整个系统的角速度?

3.15　将一质量为 m 的小球,系于轻绳的一端,绳的另一端穿过光滑水平桌面上的小孔用手拉住,先使小球以角速度 ω_1 在桌面上做半径为 r_1 的圆周运动,然后缓慢将绳下拉,使半径缩小为 r_2,在此过程中小球的动能增量是多少?

3.16　如图 3-28 所示,一轴承光滑的定滑轮,质量 $M=2$ kg,半径 $R=0.1$ m,一根不能伸长的轻绳,一端缠绕在定滑轮上,另一端系有一质量 $m=5$ kg 的物体。已知定滑轮的转动惯量 $J=\frac{1}{2}MR^2$,其初角速度 $\omega_0=10$ rad/s,方向垂直纸面向

里。求:

(1) 定滑轮的角加速度;

(2) 定滑轮的角速度变化到 0 时,物体上升的高度;

(3) 当物体回到原来位置时,定滑轮的角速度。

3.17 如图 3-29 所示,有一质量为 m_1、长为 l 的均匀细棒,静止平放在滑动摩擦系数为 μ 的水平桌面上,它可绕通过其端点 O 且与桌面垂直的固定光滑轴转动。另有一水平运动的质量为 m_2 的小滑块,从侧面垂直于棒与棒的另一端相撞,设碰撞时间极短,已知小滑块在碰撞前后的速度分别为 v_1 和 v_2。求碰撞后从细棒开始转动到停止转动的过程所需的时间(已知棒绕 O 点的转动惯量 $J = \dfrac{1}{3}m_1 l^2$)。

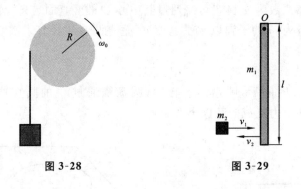

图 3-28　　　　　　　　图 3-29

第4章 机械振动基础

我国自主研发的世界首台50吨级超大型电动振动台，并不是我们经常看到用于冶金、化工、建材等行业的普通振动台产品，而是对各类军工、航天、高铁、船舶等产品进行"体检"的关键仪器设备，尤其在航天领域，免不了"体检"这一关。

我国自主研发的35吨级电动振动台，就曾参与了从"神五"到"神九"以及天宫、嫦娥等重要航天设备的"体检"。

我国是如何做到50吨级超大型电动振动台的呢？这主要归功于我国一家民企的努力攻坚，它就是苏州东菱振动试验仪器有限公司。

1995年，已经在苏州试验仪器厂工作了20多年的王孝忠，决定"下海"创业，成立东菱公司，但开始这家初创公司可谓是"缺人又少钱"——只有8个人的团队以及8万元家底，而厂房也不过是由玻璃钢搭起的简陋工棚，面积只有80平方米。在当时，谁也不会想到，这家公司日后会成为全球赫赫有名的力学振动企业。

到了2006年，该公司成功研制出35吨级电动振动台，这已经是当时世界上推力最大的电动振动台，彻底打破了西方国家对我国长达半个世纪的封锁。

到了2012年，该公司又再攀高峰，成功研发出世界首台50吨级超大型电动振动台，当时我国载人航天工程办公室还为此发来了贺电。该公司也成为全球赫赫有名的振动行业巨头。

正因意识到大型振动台的重要性，这种"大国重器"自然是要掌握在自己手中，所以在2020年我国就将双轴同步振动试验平台、50吨级电动振动试验系统列入限制出口名单。

我国自主研发超大型电动振动台

本图片来源于东南大学学·问网页

物体在其稳定平衡位置附近所做的往复运动称为机械振动,简称振动。

振动在自然界和工程技术中经常见到,如钟摆的摆动、气缸内活塞的运动、弦乐器中琴弦的振动以及人的心脏和脉搏跳动等。除了机械振动之外,还有交流电路中电压或电流的振动、无线电波中电场和磁场的振动等。

虽然振动有不同形式,但均遵从相同的基本规律。在振动中,最简单、最基本的是简谐振动,其他复杂的振动都可以分解为若干简谐振动的叠加。因此,本章主要讨论简谐振动的规律以及振动的合成。

4.1 简 谐 振 动

4.1.1 简谐振动

利用理想模型——弹簧振子为例来说明简谐振动的基本特征。一质量可忽略的弹簧,一端固定,另一端系一个有质量的物体,这样的系统常称为弹簧振子。图 4-1 所示的为一弹簧振子,其中质量为 m 的物体 M 放在一光滑的水平面上,下面来研究弹簧振子的运动规律。

为了了解弹簧振子的运动,首先定性地讨论它的运动情况。将物体 M 从平衡位置 O 向右移到位置 B,如图 4-1(a)所示,然后无初速地释放,使物体在弹性回复力作用下运动。在物体从 B 返回平衡位置 O 的过程中,物体在水平方向只受到向左指向平衡位置 O 的弹性回复力,力与运动方向相同,物体向平衡位置做加速运动。当物体到达平衡位置 O 时,如图 4-1(b)所示,它所受到的合力为零,加速度也为零,但速度并不为零,由于惯性,它将继续向左运动,此后弹簧被压缩,物体受到向右指向平衡位置 O 的弹性回复力,力与运动方向相反,因此物体越过平衡位置向左的运动是减速运动,直到物体到达某位置,速度减小到零,如图 4-1(c)所示。此后物体在弹性回复力作用下向右运动返回平衡位置,情形和上述从 B 返回平衡位置过程相似,如图 4-1(d)、(e)所示。这样,在弹性回复力作用下,物体在其平衡位置 O 附近做往复运动,即做机械振动。

从上述讨论可以看出,弹性回复力和惯性是产生振动的两个基本原因。

下面定量地分析弹簧振子的小振幅简谐振动。

设弹簧的劲度系数为 k,物体的质量为 m,忽略各种阻力,取弹簧原长(这里就是平衡位置)O 点处为坐标原点,x 坐标轴指向右为正,如图 4-1(a)所示。物体位置坐标为 x,所受弹性回复力 F_x 可表示为

$$F_x = -kx \tag{4-1}$$

根据牛顿定律,物体 M 的运动微分方程式为

$$m\ddot{x} = -kx$$

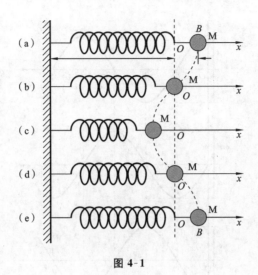

图 4-1

通常将上式改写成

$$\ddot{x}+\omega^2 x=0 \tag{4-2}$$

其中

$$\omega^2=\frac{k}{m} \tag{4-3}$$

微分方程式(4-2)的通解应为

$$x=A\cos(\omega t+\varphi) \tag{4-4}$$

式中: A 和 φ 是两个积分常数,它们的物理意义和确定方法将在后面讨论。

式(4-4)是简谐振动的定义式,即物体离开平衡位置的位移随时间 t 的变化规律可表示成余弦函数(或正弦函数)时,这种振动称为简谐振动,简称谐振动,式(4-4)称为谐振动方程。式(4-1)是谐振动的动力学特征,式(4-2)是其运动学特征,用这三个方程中的任何一个便可判定一个振动是否为谐振动。

由速度及加速度的定义可知做简谐振动的小球 M 在 t 时刻的速度和加速度。分别将式(4-4)对时间求一阶导数和二阶导数,得到

$$v=\dot{x}=-A\omega\sin(\omega t+\varphi) \tag{4-5}$$

$$a=\ddot{x}=-A\omega^2\cos(\omega t+\varphi) \tag{4-6}$$

结果表明,物体做谐振动时,不但是它的位移,而且速度和加速度也随时间做周期性变化。

若以 t 为横坐标,分别以 x、v 和 a 为纵坐标,可画出三条曲线,如图 4-2 所示(图中假定 $\varphi=0$)。由图 4-2 可看出,当 x 具有最大值时,$v=0$,而 a 亦具有最大值,但 a 的符号总是与 x 相反;当 $x=0$ 时,a 亦为零,而 v 具有最大值。

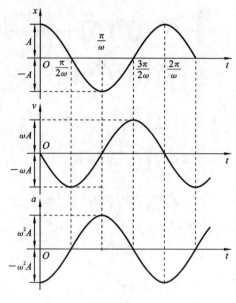

图 4-2

4.1.2　谐振动的振幅、周期、频率和相位

1. 振幅

在式(4-4)中,因余弦(或正弦)函数的绝对值不能大于 1,故 x 的绝对值不能大于 A。即在谐振动中,A 表示振动物体在平衡位置两边离开平衡位置的最大距离,称为"振幅",振幅恒取正值,其大小一般由起始条件决定。

2. 周期和频率

正弦、余弦函数是周期函数,因此谐振动是周期性运动。

做谐振动的物体从某状态开始经过一段时间后又回到该状态,称为完成一次全振动。

周期的定义:物体完成一次全振动所用的时间,用 T 表示,在振动曲线 x-t(见图4-3)上,T 是两个相邻的相同状态之间的时间间隔。系统每经过一个周期,振动就重复一次,这就是谐振动的周期性。

由周期 T 的定义有

$$x = A\cos(\omega t + \varphi) = A\cos[\omega(t + T) + \varphi]$$

由余弦函数的性质知

$$x = A\cos(\omega t + \varphi) = A\cos(\omega t + \varphi + 2\pi)$$

对比以上两式可得

$$T = \frac{2\pi}{\omega} = 2\pi\sqrt{\frac{m}{k}} \tag{4-7}$$

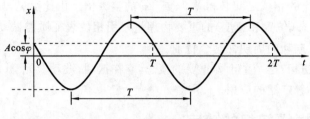

图 4-3

频率的定义:物体在 1 s 内振动的次数。频率的单位是 1/s,又称赫[兹](Hz),常用 ν(或 f)表示。根据频率的定义,显然有

$$\nu = \frac{1}{T} = \frac{1}{2\pi}\sqrt{\frac{k}{m}} \tag{4-8}$$

质量 m 和劲度系数 k 都属于弹簧振子本身固有的性质,式(4-7)和式(4-8)表明,弹簧振子的频率和周期完全取决于其本身的性质,因此常称为固有频率和固有周期。

ω 称为弹簧振子的角频率,由于 $\omega = 2\pi\nu$,因此角频率表示物体在 2π s 内振动的次数。

谐振动的运动学方程也常表示如下:

$$x = A\cos\left(\frac{2\pi}{T}t + \varphi\right) = A\cos(2\pi\nu t + \varphi) \tag{4-9}$$

3. 相位

当做谐振动的物体的振幅和角频率都已确定时,由式(4-4)～式(4-6)可以看出,振动物体在任意时刻 t 的位置坐标 x、速度 $\dot{x}$、加速度 $\ddot{x}$ 都由 $\omega t + \varphi$ 决定,$\omega t + \varphi$ 称为相位。在一次全振动过程中,每一时刻的运动状态都不相同,而这种不同就反映在相位的不同上。

表 4-1 给出了由 $\omega t + \varphi$ 所决定的几种运动状态。

表 4-1　几种运动状态的相位($\omega t + \varphi$)

$\omega t + \varphi$	0	$\pi/2$	π	$3\pi/2$	2π
x	A	0	$-A$	0	A
v	0	$-A\omega$	0	$A\omega$	0

由表 4-1 可知,相位 $\omega t + \varphi$ 像周期 T 一样,也反映谐振动的周期性,时间每经过一个周期,相位改变 2π,振动便重复一次。

常量 φ 是 $t = 0$ 时的相位,称为振动的初相位,简称初相。它决定物体的起始运动状态。与相位一样,初相位单位也是弧度。

对一个以一定频率、一定振幅做简谐振动的质点来说,凡是位移和速度都相同的

状态,它们所对应的相位之间必相差 2π 或 2π 的整数倍。由此可见,相位是确定质点在 t 时刻运动状态(位置和速度)的重要物理量。用相位表征质点振动状态的优点在于它充分反映了振动的周期性这个特征。

相位(包括初相)是一个十分重要的概念,它在振动、波动及光学、电工学、无线电技术等方面都有着广泛的应用。

4.1.3 振幅初相的确定

对于给定的弹簧振子角频率 ω 是确定的,其位置坐标 x 和速度 $\dot{x}$ 随时间的变化关系分别为

$$x = A\cos(\omega t + \varphi)$$
$$\dot{x} = -A\omega\sin(\omega t + \varphi)$$

谐振动方程中的 A 和 φ 这两个积分常数可以由物体的起始状态(初位置 x_0 和初速度 v_0)来确定,把 $t=0$ 代入式(4-4)和式(4-5)得

$$x_0 = A\cos\varphi, \quad v_0 = -\omega A\sin\varphi$$

由此二式可求出

$$A = \sqrt{x_0^2 + \left(\frac{v_0}{\omega}\right)^2} \tag{4-10}$$

$$\varphi = \arctan\left(-\frac{v_0}{\omega x_0}\right) \tag{4-11}$$

4.1.4 谐振动的能量

现仍以弹簧振子为例讨论谐振动的能量。设某时刻 t,物体的振动速度为 v,则物体的动能为

$$E_k = \frac{1}{2}mv^2 = \frac{1}{2}mA^2\omega^2\sin^2(\omega t + \varphi) \tag{4-12}$$

若此时物体位移为 x,则系统的弹性势能为

$$E_p = \frac{1}{2}kx^2 = \frac{1}{2}kA^2\cos^2(\omega t + \varphi) \tag{4-13}$$

因 $m\omega^2 = k$,所以系统的总能量为

$$E = E_k + E_p = \frac{1}{2}kA^2 \tag{4-14}$$

式(4-12)~式(4-14)表明:

(1)谐振动物体的动能和势能都随时间作周期性变化,动能最大时势能为零,势能最大时动能为零,如图 4-4 所示。

(2)对于给定的谐振动,k 和 A 都是定值。因此,谐振动的总能量在振动过程中是一常量。这一结论与机械能守恒定律完全一致。这种能量和振幅保持不变的振动

也称无阻尼振动。

（3）在一个周期 T 内，动能的平均值等于势能的平均值，都等于总能量的一半，即

$$\bar{E}_k = \bar{E}_p = \frac{E}{2} = \frac{1}{4}kA^2 \qquad (4\text{-}15)$$

证明如下：

$$\bar{E}_k = \frac{1}{T}\int_0^T \frac{1}{2}kA^2 \sin^2(\omega t + \varphi)\mathrm{d}t$$

因为

$$\frac{1}{T}\int_0^T \sin^2(\omega t + \varphi)\mathrm{d}t = \frac{1}{T}\int_0^T \frac{1-\cos 2(\omega t + \varphi)}{2}\mathrm{d}t = \frac{1}{2}$$

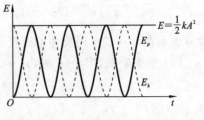

图 4-4

所以

$$\bar{E}_k = \frac{1}{4}kA^2 = \frac{E}{2}$$

由式（4-14）可知，$\bar{E}_p = E - \bar{E}_k = \dfrac{E}{2}$，得证。

【例 4-1】 物体沿 x 轴做谐振动，振幅为 12 cm，周期为 2 s，当 $t=0$ 时，物体的坐标为 6 cm，且向 x 轴正方向运动，求：

（1）初相；

（2）当 $t=0.5$ s 时，物体的坐标、速度和加速度；

（3）物体在平衡位置且向 x 轴负方向运动的时刻开始计时的初相及其运动方程。

解 坐标的选取如图 4-1 所示。设物体的运动学方程为

$$x = A\cos(\omega t + \varphi)$$

（1）根据题意知：$A=12$ cm，$T=\dfrac{2\pi}{\omega}=2$ s，又当 $t=0$ 时，$x_0=6$ cm，$v_0>0$，将这些条件代入运动学方程，得

$$x_0 = 6 = 12\cos\varphi$$

所以 $\cos\varphi = \dfrac{1}{2}$，得 $\varphi = \dfrac{\pi}{3}$ 或 $\dfrac{5\pi}{3}$。根据初速度为正这一条件，只能取 $\varphi = \dfrac{5\pi}{3}$，因此物体的运动学方程为

$$x = 12\cos\left(\pi t + \frac{5\pi}{3}\right)$$

（2）当 $t=0.5$ s 时，物体的坐标、速度和加速度分别为

$$x_{0.5} = 12\cos\left(\pi \times 0.5 + \frac{5\pi}{3}\right)\ \mathrm{cm} = 10.4\ \mathrm{cm}$$

$$\dot{x}_{0.5} = -12\pi\sin\left(\pi \times 0.5 + \frac{5\pi}{3}\right)\ \mathrm{cm/s} = -18.8\ \mathrm{cm/s}$$

$$\ddot{x}_{0.5} = -12\pi^2 \cos\left(\pi \times 0.5 + \frac{5\pi}{3}\right) \text{ cm/s}^2 = -103 \text{ cm/s}^2$$

负号表示在 $t = 0.5$ s 时物体的速度和加速度的方向皆与 x 轴正方向相反。

（3）根据题意，当 $t = 0$ 时，$x_0 = 0$，$v_0 < 0$，将这一组起始条件代入运动学方程

$$x = A\cos(\omega t + \varphi)$$

有

$$x_0 = 0 = A\cos\varphi$$

所以 $\cos\varphi = 0$，得 $\varphi = \frac{\pi}{2}$ 或 $\frac{3\pi}{2}$。根据 $t = 0$ 时，$v_0 < 0$ 这一条件，只能取 $\varphi = \frac{\pi}{2}$，因此物体的运动学方程为

$$x = 12\cos\left(\pi t + \frac{\pi}{2}\right)$$

从例 4-1 可以看出，同一谐振动，若取不同的起始计时时刻，则有不同的初相。

例 4-1 属谐振动运动学问题，这一类问题的求解方法一般是先写出标准的运动学方程，如式(4-4)，再根据直接或间接给定的起始条件或其他条件（如用图形给出的条件）确定标准运动学方程中的各待定量。

【例 4-2】　一轻弹簧在 60 N 的拉力下伸长 30 cm。现把 4 kg 的物体悬挂在该弹簧的下端并使之静止。再把物体下拉 10 cm，然后由静止释放并开始计时。求：

（1）物体的振动方程；

（2）物体在平衡位置上方 5 cm 时的动能和势能。

解　先求出弹簧的劲度系数：

$$k = \frac{f}{\Delta l} = \frac{60}{0.30} \text{ N/m} = 200 \text{ N/m}$$

（1）证明物体是做谐振动。设挂上物体后弹簧伸长 x_1 后静止，此时物体的位置为平衡位置，即坐标原点 O。取向下为 x 轴正向，如图 4-5(b)所示，在 O 点有

$$mg = T_1 = kx_1$$

如图 4-5 所示，物体在任一位置 x 处所受的合力为

$$F = mg - T_3 = mg - k(x_1 + x) = -kx$$

此力为回复力，系统是做谐振动，其角频率为

$$\omega = \sqrt{\frac{k}{m}} = \sqrt{\frac{200}{4}} \text{ rad/s} = \sqrt{50} \text{ rad/s}$$

将起始条件 $x_0 = 0.10$ m，$v_0 = 0$ 代入式(4-10)和式(4-11)，求得 $A = x_0 = 0.10$ m，$\varphi = 0$。所以谐振动方程为

$$x = 0.10\cos\left(\sqrt{50}\,t\right)$$

（2）在平衡位置上方，$x = -5$ cm $= -5 \times 10^{-2}$ m，振动势能

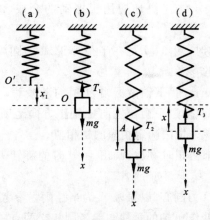

图 4-5

$$E_p = \frac{1}{2}kx^2 = \frac{1}{2} \times 200 \times (5 \times 10^{-2})^2 \ \mathrm{J} = 0.25 \ \mathrm{J}$$

请读者考虑,这里的振动势能是否为弹簧的弹性势能。

动能为

$$E_k = E - E_p = \frac{1}{2}kA^2 - E_p = \left[\frac{1}{2} \times 200 \times (0.10)^2 - 0.25 \right] \ \mathrm{J} = 0.75 \ \mathrm{J}$$

4.1.5　谐振动的旋转矢量表示法

为了易于了解谐振动表示式中 A、ω 和 φ 三个物理量的意义,下面介绍谐振动的矢量图表示法。

如图 4-6 所示,设有一长度等于 A 的旋转矢量 $\overrightarrow{OM}$ 在图平面内绕原点 O 以匀角速度 ω 逆时针旋转,即角速度与角频率 ω 等值,并设 $\overrightarrow{OM_0}$ 是该矢量在 $t=0$ 时刻的位置,$\overrightarrow{OM_0}$ 与 x 轴之间的夹角等于 φ。这样,在 t 时刻,矢量 $\overrightarrow{OM}$(也常用 $\boldsymbol{A}$ 表示)与 x 轴之间的夹角将与谐振动在该时刻的相位($\omega t + \varphi$)相等,矢量 $\overrightarrow{OM}$ 的端点 M 在 x 轴上的投影点 P 的位移为

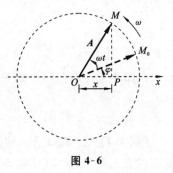

图 4-6

$$x = A\cos(\omega t + \varphi)$$

此式与式(4-4)相同,可见,矢量 $\overrightarrow{OM}$ 做匀速转动时,其端点 M 在 x 轴上投影点 P 的运动就是简谐振动。

由此可知,一个由式(4-4)给定的谐振动,可与上述指定的一个旋转矢量相互联系起来,由旋转矢量的端点在 x 轴上的投影点的运动代表这一谐振动。通过谐振动的矢量图表示法可以把描述谐振动的振幅、角频率、相位及初相位等物理量非常形象

地表示出来,这种矢量表示法广泛地应用于振动的合成、波的干涉以及交流电等方面。

当矢量 $\overrightarrow{OM}$ 匀速转动时,端点 M 是在半径等于 A 的圆周上做匀速圆周运动,通常把这个圆称为谐振动的参考圆。

【例 4-3】 一弹簧振子,沿 x 轴做振幅为 A 的谐振动。当 $t=0$ 时,振子的运动状态分别为:① $x_0=-A$;② 过平衡位置向 x 轴正方向运动;③ 过 $x_0=A/2$ 处向 x 轴负方向运动。试用旋转矢量法确定相应的初相值。

解 用旋转矢量法求初相时,应当画出 $t=0$ 时的旋转矢量 A,该矢量与 x 轴正方向的夹角便是初相 φ。其步骤如下:

(1) 以 x 轴的原点 O 为圆心、以振幅 A 为半径画一参考圆。

(2) 在起始位置 x_0 处作 x 轴的垂线与参考圆相交两点。

(3) 根据初速 v_0 的方向定出矢端的位置。由于旋转矢量 A 是逆时针旋转的,若 v_0 沿 x 轴负向,矢量 A 必定在第一、二象限;若 v_0 沿 x 轴正向,矢量 A 必定在第三、四象限。

(4) 画出旋转矢量,求出与 x 轴的夹角。按题设条件,用上述方法作出相应的旋转矢量图,如图 4-7 所示。

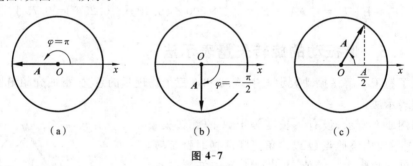

图 4-7

由图 4-7 定出在题设的三种情况下其初相分别为:① $\varphi=\pi$;② $\varphi=-\dfrac{\pi}{2}$;③ $\varphi=\dfrac{\pi}{3}$。

【例 4-4】 一质点沿 x 轴做谐振动,振幅 $A=0.12$ m,周期 $T=2.0$ s。$t=0$ 时质点的位置 $x_0=0.06$ m,且向 x 轴正向运动。用旋转矢量法求:

(1) 初相;

(2) 自计时起至第一次通过平衡位置的时间。

解 (1) 按照起始条件 x_0 和 v_0 的方向,画出 $t=0$ 时的旋转矢量图,如图 4-8(a)所示,从而求出初相为 $\varphi=-\dfrac{\pi}{3}$。

(2) 从题意可以分析出,质点第一次通过平衡位置时其速度沿 x 轴负方向。由

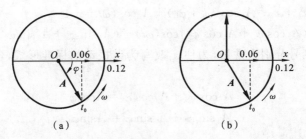

图 4-8

此画出旋转矢量图,如图 4-8(b)所示。自计时起至质点第一次通过平衡位置,旋转矢量转过的角度为

$$\Delta\theta = \frac{\pi}{2} + \frac{\pi}{3} = \frac{5}{6}\pi$$

旋转的角速度为

$$\omega = \frac{2\pi}{T} = \frac{2\pi}{2} \text{ rad/s} = \pi \text{ rad/s}$$

所用的时间为

$$\Delta t = \frac{\Delta\theta}{\omega} = \frac{\frac{5}{6}\pi}{\pi} \text{ s} = \frac{5}{6} \text{ s} = 0.83 \text{ s}$$

从这两个例子可以看出,用旋转矢量法确定初相和振动的时间间隔是非常直观和方便的。

4.2　谐振动的合成

在实际问题中,常会遇到一个质点同时参与两个振动的情况。例如,当两个声波同时传到某一点时,该点处空气质点就同时参与两个振动,这时质点的运动实际上就是两个振动的合成。振动合成的基本知识在声学、光学、交流电工学及无线电技术等方面都有着广泛的应用。一般的振动合成问题比较复杂,下面将着重介绍同方向、同频率谐振动的合成。

4.2.1　同方向、同频率谐振动的合成

设质点沿 x 轴同时参与两个独立的同频率简谐振动,在任意时刻 t,这两个振动的位移分别为

$$x_1 = A_1 \cos(\omega t + \varphi_1)$$
$$x_2 = A_2 \cos(\omega t + \varphi_2)$$

显然,合成运动的合位移 x 仍在这一直线上,且为上述两位移的代数和,即

$$x = x_1 + x_2 = A_1\cos(\omega t + \varphi_1) + A_2\cos(\omega t + \varphi_2)$$
$$= (A_1\cos\varphi_1 + A_2\cos\varphi_2)\cos(\omega t) - (A_1\sin\varphi_1 + A_2\sin\varphi_2)\sin(\omega t)$$

由于两个括号分别为常量,为使 x 改写为谐振动的标准形式,现引入两个新常量 A、φ,且使

$$A_1\cos\varphi_1 + A_2\cos\varphi_2 = A\cos\varphi$$
$$A_1\sin\varphi_1 + A_2\sin\varphi_2 = A\sin\varphi$$

代入上式,得

$$x = A\cos\varphi\cos(\omega t) - A\sin\varphi\sin(\omega t) = A\cos(\omega t + \varphi)$$

可见,两个同方向、同频率谐振动的合成运动仍为谐振动,合成谐振动的频率与原来谐振动频率相同,合成谐振动的振幅为 A,初相为 φ,且有

$$A = \sqrt{A_1^2 + A_2^2 + 2A_1 A_2\cos(\varphi_2 - \varphi_1)} \tag{4-16a}$$

$$\varphi = \arctan\frac{A_1\sin\varphi_1 + A_2\sin\varphi_2}{A_1\cos\varphi_1 + A_2\cos\varphi_2} \tag{4-16b}$$

由式(4-16a)可以看出,合成谐振动的振幅不仅与 A_1、A_2 有关,而且与原来两个谐振动的初相差有关。

4.2.2　相位差

有两个频率相同的谐振动,它们的运动学方程分别为

$$x_1 = A_1\cos(\omega t + \varphi_1)$$
$$x_2 = A_2\cos(\omega t + \varphi_2)$$

则 $(\omega t + \varphi_2) - (\omega t + \varphi_1) = \varphi_2 - \varphi_1$ 称为第二个谐振动与第一个谐振动间的相位差,这里就等于初相差。如果 $\pi > \varphi_2 - \varphi_1 > 0$,则称第二个谐振动的相位超前于第一个谐振动的相位。图 4-9 所示的为两个同频率谐振动的位移-时间曲线,图 4-9(b)所示的谐振动的相位比图 4-9(a)所示的相位超前 $\frac{\pi}{2}$,为什么? 请读者试分析之。

在旋转矢量图(见图 4-10)上,两个振动的相位差就是它们的旋转矢量 $\boldsymbol{A}_2$ 和 $\boldsymbol{A}_1$ 之间的夹角,下面用相位差的概念来讨论两个同方向、同频率谐振动的合成结果。

讨论:

(1) 若相位差 $\varphi_2 - \varphi_1 = 2k\pi,k = 0,\pm 1,\pm 2,\cdots$,则

$$\cos(\varphi_2 - \varphi_1) = 1$$

$$A = \sqrt{A_1^2 + A_2^2 + 2A_1 A_2} = A_1 + A_2 \tag{4-17}$$

即合振幅最大,等于二分振动振幅之和。图 4-11(a)为它们的旋转矢量图和相应 x-t 曲线,由于这两个分振动的步调始终完全一致(同时越过平衡位置,向坐标轴同侧运动,且同时到达端点位置),称它们是同相(或同步)。

(2) 若相位差 $\varphi_2 - \varphi_1 = (2k+1)\pi,k = 0,\pm 1,\pm 2,\cdots$,则

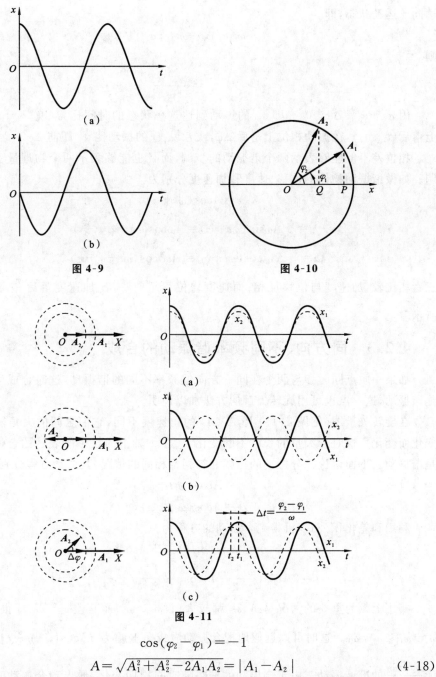

图 4-9　　　　　　　　　　图 4-10

图 4-11

$$\cos(\varphi_2 - \varphi_1) = -1$$

$$A = \sqrt{A_1^2 + A_2^2 - 2A_1A_2} = |A_1 - A_2| \tag{4-18}$$

即合振幅达到最小,等于二分振动振幅之差的绝对值。合成结果为相互减弱,如图 4-11(b)所示。由于这两个分振动的步调始终完全相反,称它们是反相。

(3) 若 $0 < \Delta\varphi < \pi$,如图 4-11(c)所示,设 x_1 和 x_2 两振动分别于 t_1 和 t_2 时刻到

达同一运动状态,即

$$\omega t_1 + \varphi_1 = \omega t_2 + \varphi_2$$

则

$$t_1 - t_2 = \frac{\varphi_2 - \varphi_1}{\omega}$$

因 $\varphi_2 - \varphi_1 = \Delta\varphi > 0$,亦即 x_1 的振动到达这一状态的时间比 x_2 晚$(t_1 - t_2)$,时间上落后$(t_1 - t_2)$,在振动相位上落后 $\Delta\varphi$,或者说 x_2 的振动比 x_1 超前 $\Delta\varphi$。

相位差不但能够表示两个谐振动的步调,而且也能够表示两个物理量变化的步调。如做谐振动物体的位移、速度和加速度分别为

$$x = A\cos(\omega t + \varphi)$$

$$v = -A\omega\sin(\omega t + \varphi) = A\omega\cos\left(\omega t + \varphi + \frac{\pi}{2}\right)$$

$$a = -A\omega^2\cos(\omega t + \varphi) = A\omega^2\cos(\omega t + \varphi + \pi)$$

三者相比较,加速度与位移反相;而速度比位移超前 $\frac{\pi}{2}$,比加速度落后 $\frac{\pi}{2}$,如图 4-2 所示。

4.2.3　同方向、不同频率谐振动的合成

如果一质点同时参与两个在同一方向但频率不同的谐振动,这时合成运动不再是谐振动,这一点也可用旋转矢量的方法加以说明。

在旋转矢量图(见图 4-11)上,A_1、A_2 的角速度不同,它们之间的夹角随时间的变化而变化。这时合矢量的长度不断变化,它在 x 轴上的投影所表示的合运动不再是谐振动。下面讨论二分振动的振幅和初相都相同的情况,其振动方程分别为

$$x_1 = A\cos(\omega_1 t + \varphi)$$

$$x_2 = A\cos(\omega_2 t + \varphi)$$

利用和差化积公式,可得到合振动的方程为

$$x = x_1 + x_2 = A\cos(\omega_1 t + \varphi) + A\cos(\omega_2 t + \varphi)$$

$$= 2A\cos\left(\frac{\omega_2 - \omega_1}{2}t\right)\cos\left(\frac{\omega_2 + \omega_1}{2}t + \varphi\right) \tag{4-19}$$

实用上颇为重要的情况是 ω_1、ω_2 都较大(设 $\omega_2 > \omega_1$)而其差 $\omega_2 - \omega_1$ 却很小,因此 $\omega_2 - \omega_1 \ll \omega_2 + \omega_1$。这时可以近似地把合振动看成是振幅为 $2A\cos\left(\frac{\omega_2 - \omega_1}{2}t\right)$、角频率为 $\frac{\omega_2 + \omega_1}{2}$ 的准谐振动。由于合振动的振幅随时间周期变化,便出现合振动时而加强时而减弱的现象,这一现象称为拍,其振动合成图线如图 4-12 所示。单位时间内振动加强或减弱的次数称为拍频。由振幅公式可以看出,当 $t = 0$ 时,合振幅为 $2A$,若

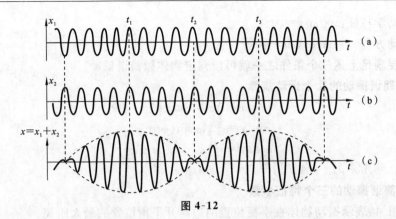

图 4-12

经过时间 τ 后，又出现合振幅的极大值，于是得到拍周期 $\tau = \dfrac{2\pi}{\omega_2 - \omega_1}$，拍频为

$$\nu = \frac{1}{\tau} = \frac{\omega_2 - \omega_1}{2\pi} = \frac{\omega_2}{2\pi} - \frac{\omega_1}{2\pi} = \nu_2 - \nu_1$$

即拍频等于两个分振动的频率之差。

$$\left| \cos \frac{\omega_2 - \omega_1}{2} \tau \right| = |\cos \pi| = 1$$

拍现象在声振动和电磁振动中有许多实际应用。例如，管乐器中的双簧管就是利用两个簧片振动频率的微小差别产生悦耳的拍音。超外差收音机中的差频振荡电路也利用了拍的原理，利用拍频可以测量未知振动频率，如已知 ν_1，测出拍频 ν，就可求得未知的 ν_2。

【例 4-5】 质点同时参与振动方程为 $x_1 = 4\cos(3t)$ cm，$x_2 = 2\cos(3t+\pi)$ cm 的两个谐振动，求合成谐振动的初相位、振幅和振动方程。

解　根据前述知识，合成运动仍为谐振动，按题中所给条件，有

$$\varphi_1 = 0, \quad \varphi_2 = \pi, \quad A_1 = 4 \text{ cm}, \quad A_2 = 2 \text{ cm}$$

代入式(4-16a)和式(4-16b)，得到合成谐振动的振幅 A 及初相 φ 分别为

$$A = \sqrt{A_1^2 + A_2^2 + 2 A_1 A_2 \cos(\varphi_2 - \varphi_1)} = 2 \text{ cm}$$

$$\varphi = \arctan \frac{A_1 \sin \varphi_1 + A_2 \sin \varphi_2}{A_1 \cos \varphi_1 + A_2 \cos \varphi_2} = 0$$

因此，合成振动的振动方程为

$$x = 2\cos(3t) \text{ cm}$$

本 章 小 结

1. 简谐振动的三种表现形式

动力学特征：$F_x = -kx$（弹性回复力）

运动学特征：$\ddot{x}+\omega^2 x=0$

运动方程：$x=A\cos(\omega t+\varphi)$

只要满足上述三个条件之一就可以判定物体做简谐振动。

2. 简谐振动的几个运动规律

$$x=A\cos(\omega t+\varphi)$$
$$v=\dot{x}=-A\omega\sin(\omega t+\varphi)$$
$$a=\ddot{x}=-A\omega^2\cos(\omega t+\varphi)$$

其中，$v_{max}=A\omega$；$a_{max}=A\omega^2$。

3. 简谐振动的三个特征参量

振幅 A：表示振动物体在平衡位置两边离开平衡位置的最大距离。

角频率 ω：反映系统振动快慢的物理量，与周期 T 和频率 ν 之间关系为

$$\omega=\frac{2\pi}{T}=2\pi\nu$$

相位（$\omega t+\varphi$）：确定质点谐振动状态的物理量。

4. 简谐振动的旋转矢量法

如图 4-6 所示，取一长度等于振幅 A 的旋转矢量 $\overrightarrow{OM}$，绕原点 O 以匀角速度 ω 逆时针旋转，矢量 $\overrightarrow{OM}$ 的端点 M 在 x 轴上的投影点 P 的运动为简谐振动。矢量 $\overrightarrow{OM}$ 角速度与角频率 ω 等值，在 t 时刻，矢量 $\overrightarrow{OM}$ 与 x 轴之间的夹角将与谐振动在该时刻的相位（$\omega t+\varphi$）相等，$t=0$ 时刻的位置，$\overrightarrow{OM_0}$ 与 x 轴之间的夹角等于 φ。

5. 简谐振动能量

动能为

$$E_k=\frac{1}{2}mv^2=\frac{1}{2}mA^2\omega^2\sin^2(\omega t+\varphi)$$

势能为

$$E_p=\frac{1}{2}kx^2=\frac{1}{2}kA^2\cos^2(\omega t+\varphi)$$

系统的总能量为

$$E=E_k+E_p=\frac{1}{2}kA^2$$

6. 简谐振动的合成

同方向、同频率谐振动的合成

$$x_1=A_1\cos(\omega t+\varphi_1)$$
$$x_2=A_2\cos(\omega t+\varphi_2)$$
$$x=x_1+x_2=A\cos(\omega t+\varphi)$$

两个同方向、同频率谐振动的合成运动仍为谐振动，合成谐振动的频率与原来谐振动频率相同，合成谐振动的振幅 A 和初相 φ 为

$$A=\sqrt{A_1^2+A_2^2+2A_1A_2\cos(\varphi_2-\varphi_1)}$$

$$\varphi=\arctan\frac{A_1\sin\varphi_1+A_2\sin\varphi_2}{A_1\cos\varphi_1+A_2\cos\varphi_2}$$

若相位差$\varphi_2-\varphi_1=2k\pi,k=0,\pm1,\pm2,\cdots,$则

$$\cos(\varphi_2-\varphi_1)=1$$

$$A_{max}=\sqrt{A_1^2+A_2^2+2A_1A_2}=A_1+A_2$$

若相位差$\varphi_2-\varphi_1=(2k+1)\pi,k=0,\pm1,\pm2,\cdots,$则

$$\cos(\varphi_2-\varphi_1)=-1$$

$$A_{min}=\sqrt{A_1^2+A_2^2-2A_1A_2}=|A_1-A_2|$$

同方向、不同频率谐振动的合成：

$$x_1=A\cos(\omega_1t+\varphi)$$

$$x_2=A\cos(\omega_2t+\varphi)$$

$$x=x_1+x_2=2A\cos\left(\frac{\omega_2-\omega_1}{2}t\right)\cos\left(\frac{\omega_2+\omega_1}{2}t+\varphi\right)$$

合成结果不是简谐振动。拍频为

$$\nu=\frac{1}{\tau}=\frac{\omega_2-\omega_1}{2\pi}=\frac{\omega_2}{2\pi}-\frac{\omega_1}{2\pi}=\nu_2-\nu_1$$

思 考 题

4.1　试说明以下运动是不是简谐振动。

(1) 小球在地面上做完全弹性的上下跳动；

(2) 小球在半径很大的光滑球面底部做小幅度摆动。

4.2　简谐振动的速度和加速度在什么情况下是异号的？什么情况下是同号的？加速度为正时,振动质点的速率是否一定在增加？反之,加速度为负时,速率是否一定在减小？

4.3　一弹簧振子,沿x轴做振幅为A的简谐振动,在平衡位置$x=0$处,弹簧振子的势能为零,系统的机械能为50 J,问:弹簧振子在$x=\dfrac{A}{2}$处时,势能的瞬时值为多少？

练 习 题

4.1　当质点以频率ν做简谐运动时,它的动能变化频率为(　　　)。

A. $\dfrac{\nu}{2}$　　　　　B. ν　　　　　C. 2ν　　　　　D. 4ν

4.2　一物体沿 x 轴做简谐振动,振幅为 0.06 m,周期为 2 s,当 $t=0$ 时位移为 0.03 m 且向 x 轴正方向运动,求:

(1) 初相位;

(2) $t=0.5$ s 时,物体的位移、速度和加速度;

(3) 从 $x=-0.03$ m 且向 x 轴负方向运动,这一状态回到平衡位置所需时间。

4.3　一放置在水平桌面上的弹簧振子,振幅 $A=2\times10^{-2}$ m,周期 $T=0.50$ s。当 $t=0$ 时,求以下各种情况的振动方程:

(1) 物体在正方向的端点;

(2) 物体在负方向的端点;

(3) 物体在平衡位置向负方向运动;

(4) 物体在平衡位置向正方向运动;

(5) 物体在 $x=1\times10^{-2}$ m 处向负方向运动;

(6) 物体在 $x=-1\times10^{-2}$ m 处向正方向运动。

4.4　原长为 0.50 m 的弹簧,上端固定,下端挂一质量为 0.10 kg 的砝码。当砝码静止时,弹簧的长度为 0.60 m。若将砝码向上推,使弹簧缩回到原长,然后放手,则砝码做上下振动。

(1) 证明砝码的上下振动是简谐振动;

(2) 求此简谐振动的振幅、角频率和频率;

(3) 若从放手时开始计算时间,求此简谐振动的运动方程(正向向下)。

4.5　质量 $m=0.01$ kg 的质点沿 x 轴做简谐振动,振幅 $A=0.24$ m,周期 $T=4$ s,质点在 $x_0=0.12$ m 处,且向 x 轴负方向运动。求:

(1) $t=1.0$ s 时质点的位置和所受的合外力;

(2) 由 $t=0$ 运动到 $x=-0.12$ m 处所需的最短时间。

4.6　两弹簧与质量为 m 物体相连,置于光滑水平面上,如图 4-13 所示,试证该振动系统的振动周期为 $T=2\pi\sqrt{\dfrac{m}{k_1+k_2}}$。

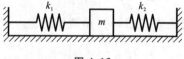

图 4-13

4.7　一物体放置在平板上,此板在水平方向做谐振动。已知振动频率为 2 Hz,物体与板面的静摩擦系数为 0.5,问:要使物体在板上不发生滑动,最大振幅是多少?

4.8　在一竖直悬挂的轻弹簧下端系有质量 $m=5$ kg 的小球,弹簧伸长 $\Delta l=1$ cm 而平衡。经推动后,该小球在竖直方向做振幅为 $A=4$ cm 的振动,求:

(1) 小球的振动周期;

（2）振动能量。

4.9　一个 0.1 kg 的质点做谐振动,其运动方程 $x=6\times10^{-2}\sin\left(5t-\dfrac{\pi}{2}\right)$ (m)。求:

（1）振动的振幅和周期;

（2）起始位移和起始位置时所受的力;

（3）$t=\pi$(s)时刻质点的位移、速度和加速度;

（4）动能的最大值。

4.10　一质点同时参与两个同方向、同频率的谐振动,它们的振动方程分别为

$$x_1=6\cos(2t+\pi/6)(\text{cm}), \quad x_2=8\cos(2t-\pi/3)\ (\text{cm})$$

试用旋转矢量法求出合振动方程。

4.11　两个同方向、同频率的谐振动,其合振动的振幅为 20 cm,与第一个谐振动的相位差为 $\dfrac{\pi}{6}$,若第一个谐振动的振幅为 $10\sqrt{3}$ cm,则第二个谐振动的振幅为（　　）cm,第一、二两个谐振动的相位差为（　　　）。

4.12　做谐振动的物体,由平衡位置向 x 轴的正方向运动,试问经过下列路程所需的时间各为周期的几分之几?

（1）由平衡位置到最大位移处;

（2）这段距离((1)中的位移)的前半段;

（3）这段距离((1)中的位移)的后半段。

4.13　一质点同时参与两个在同一直线上的谐振动:

$$x_1=0.05\cos\left(10t+\dfrac{4}{3}\pi\right)（国际单位制）$$

$$x_2=0.06\cos\left(10t+\dfrac{\pi}{4}\right)（国际单位制）$$

（1）求合振动的振幅和初相;

（2）若另有一振动 $x_3=0.07\cos(10t+\varphi)$（国际单位制）,问:$\varphi$ 为何值时,x_1+x_3 的振幅最大? φ 为何值时,x_2+x_3 的振幅最小?

4.14　已知某音叉与频率为 511 Hz 的音叉产生的拍频为 1 Hz,而与另一频率为 512 Hz 的音叉产生的拍频为 2 Hz,求此音叉的频率。

4.15　一轻弹簧的劲度系数为 k,其下悬有质量为 m 的盘子。现有一质量为 M 的物体从离盘 h 高度处自由下落到盘中并和盘子黏在一起,于是盘子开始振动,若取平衡位置为原点,位移以向下为正,试求此振动的振幅和初相。

第5章 机 械 波

波动现象在我们日常生活中随处可见。例如,在平静的湖面上扔一个石子,接触石子的水面最先被扰动,并以此为中心向外扩散形成水波;人说话通过声带振动发出声音,声音发出后引起周围空气的振动由近向远传播出去形成声波。那么什么是波?我们说波动是自然界中一种常见的物质运动形式,本章我们就来学习振动在空间的传播——波动。水波和声波都属于机械波,即机械振动在弹性媒质中的传播。物理学中关于波动现象除了机械波,还有其他形式的波。例如,由变化的电场和磁场在空间相互激发形成的电磁波,该波能够在真空中传播,在真空中传播的速度恒为光速。像无线电波、微波、紫外线、X射线、红外线等都属于电磁波。1924年德布罗意提出任何微观粒子如电子、原子、分子等都具有波粒二象性,即可以把它们当作波也可以当作粒子对待,这种波称为物质波或德布罗意波。早在1916年,爱因斯坦就基于广义相对论预言引力波的存在,直到2015年9月14日,美国加州理工学院、麻省理工学院和LIGO探测到了引力波的存在,爱因斯坦的预言得到了证实。时空会受物质的影响,那么这个时空会因为物质的质量越大,时空弯曲得越厉害,当星体在时空中运动时,时空的弯曲程度会指引着它如何运动。当黑洞、中子星等高密度天体碰撞时,会使质量的分布发生剧烈变化,必然会使时空发生弯曲,就好像这两个东西在拨动时空的琴弦,时空的波动(涟漪)就产生了,这就是时空波,时空波也叫引力波。

虽然上述这些不同类型的波的产生和传播的机制是不相同的,但它们在传播和运动过程中具有共同的特征和遵从相似的规律:在两介质的交界处都能产生反射、折射等现象;遇到障碍物时会产生衍射现象;两列波在空间相遇时,遵循波的叠加原理,如果满足相干条件的话会形成波的干涉。

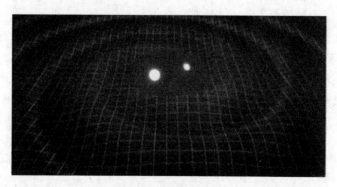

本图片来源于 CCTV-10 科教频道透视新科技——时空的涟漪

本章仅讨论机械波中最简单、最基本的波动——简谐波,它是简谐振动在媒质中的传播。任何复杂的波可以看成是由若干个简谐波合成的。所以,研究简谐波的波动规律是研究其他复杂波的基础。本章的主要内容包括:机械波的产生和传播;描述简谐波的相关物理量;平面简谐波的波动表达式;波的能量;惠更斯原理;波的干涉以及驻波。

5.1　机械波的产生和传播

5.1.1　机械波的产生条件

机械波是机械振动在弹性媒质中的传播过程。为了说明机械波的产生和传播过程,我们以绳波为例来讨论,如图 5-1 所示。我们把绳子看作是由许许多多的质元并且相邻质元之间靠弹性力连接组成的,手握住绳子的一端,上下抖动绳子,与手接触的那个质元记作质元 1,质元 1 因受到外界的扰动而离开平衡位置,相邻质元与质元 1 之间靠弹性力连接,所以邻近质元将对它作用一个弹性回复力,并使质元 1 在其平衡位置附近来回振动,与此同时,质元 1 也对邻近质元有一个弹性回复力的作用,使

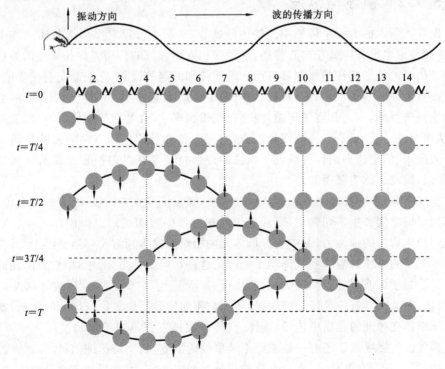

图 5-1

邻近的质元也在自己的平衡位置附近振动起来。只要绳子上的一个质元发生振动，势必会引起它邻近质元振动，邻近的质元又会带动它邻近质元振动，一个带动一个，依次传递，这样就把振动沿绳子从手握的那端到另一端依次传播出去，从而形成机械波。由此可见，要形成机械波，首先要有激发波动的振动系统，即波源；另外，还要具备能够传播机械振动的弹性媒质。因为正是由于媒质间存在弹性力，再借助于这种相互作用力才使某一点的振动传递给邻近质元，故而形成机械波。

需要注意的是，波动只是振动状态在媒质中的传播，波在传播的过程中各质元并不随波迁移，它们只是在各自的平衡位置附近振动，所以，波动是媒质整体所表现出来的运动状态。就像风吹过庄稼地形成的麦浪，在那里我们看到波动穿越田野而去，而庄稼仍在原地。第4章我们学习了描述质点振动状态的物理量——相位，而波动是无数多个质点在振动，并且波源最先开始振动，波源要把它的振动状态依次传递给后面的所有质点，所以波动也是振动相位传播的过程。另外，波源是第一个振动的质点，而后面那些还没开始振动的质点处于相对静止状态，但是随着机械波的传播也陆续振动起来，这表明这些质点获得了能量，这个能量是从波源再经过前面的质点依次传播过来的，所以，机械波传播的实质是能量的传播。

5.1.2　横波与纵波

图 5-1 所示的为一个周期中波的传播过程，从图中可以看出绳上各质点均上下振动，而波沿水平方向从左向右传播，这种振动方向和波的传播方向相垂直的波称为横波。横波的外形特征是横向具有凸起的波峰和凹陷的波谷，它们是交替出现的，所以横波有波峰和波谷。还有一种波，如空气中传播的声波，声源在空气中振动时会激起周围空气扰动，一会儿空气压缩，使空气变得稠密，一会儿空气膨胀，使空气变得稀疏，从而形成一系列稠密、稀疏变化的波，空气中各部分的振动方向与波的传播方向是一致的，我们把这种波称为纵波。纵波的外形特征是在纵向呈现出稠密和稀疏区域，所以，纵波也称为疏密波。

绳波是典型的横波，绳波在形成的过程中，媒质沿竖直方向振动，而波向右传播，相邻两媒质之间产生了切向位移，即各媒质相继发生剪切变形。而固体可以在相邻媒质间产生切向的弹性力(其中长方形体元两相对面发生相对位移形变，体元具有恢复原来形状的性质)，液体和气体均不能产生这种切向弹性力，所以，横波只能在固体中传播。对于纵波，媒质内各部分时而靠近、时而疏远，它们会产生压缩和膨胀的形变，所以，纵波在具有拉伸压缩弹性(即体积被压缩后具有恢复原来体积的性质)或有膨胀压缩体变弹性的媒质中传播，固体、气体和液体中都具有不同程度的压缩弹性，因此都可以传播纵波。还有一些波既不是单纯的纵波，也不是单纯的横波，这种波较为复杂，因为它既有纵波成分，也有横波成分。如水面波，大家都知道水是液体，由于有表面张力，在振动幅度不太大的情况下，水面也可承受微小拉伸，从而会产生横波；

同时振动在水面传播的过程中也会有挤压,于是也就能形成纵波。类似的还有地震波。

5.1.3 波线与波面

为了直观形象地描述波动在空间的传播,其中包括波在空间的传播速度以及各质点的振动状态,下面给出一个简单的描述方法,该方法叫几何图形法。我们用一个带箭头的线(称为波线)表示波在介质中的传播方向;波在传播的过程中,任一时刻媒质中各质点振动状态相同点所组成的面叫波面。某一时刻,位于最前面的波面称为波前。

波按照波面形状又可分为球面波、平面波、柱面波,如图 5-2 所示。在各向同性均匀介质中,波面与波线处处正交。

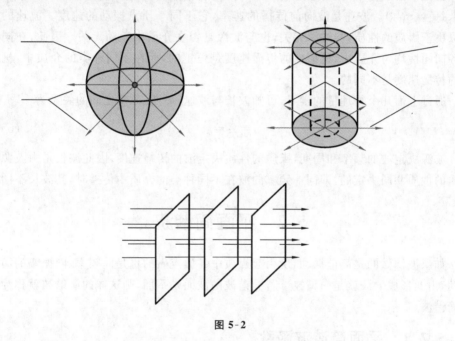

图 5-2

5.1.4 波长、波的周期和频率与波速

1. 波长

波传播过程中,在同一个波线上,两个相邻的相位差为 2π 的质点间的距离,称为波长。波长用 λ 表示,单位为米(m)。媒质中每一个质点都在其平衡位置附近振动,若一个质点在自己的平衡位置附近做一次全振动,与此同时波向前传播的距离就等于一个波长。横波上相邻两个波峰或相邻两个波谷之间的距离都是一个波长;纵波上相邻两个密部或相邻两个疏部之间的距离也是一个波长。波长反映了波的空间周期性。

2. 周期

波在传播过程中,前进一个波长的距离所需要的时间,称为波的周期。周期用 T 表示,单位为秒(s)。它等于一个质点做一次全振动所用的时间,所以波源振动的周期等于波的周期。波的周期反映了波的时间周期性。这说明波源的扰动是持续的,所以可以一波又一波不断地激发出向前传播的波。

3. 频率

单位时间内,波向前传出的完整波形的个数,称为波的频率。波的频率与波的周期成倒数关系,用 ν 表示,单位为赫兹(Hz),即 $\nu = 1/T$。波的频率在数值上也等于单位时间波源振动的次数。

4. 波速

在波传播过程中,振动状态在单位时间内传播的距离称为波速,用 u 表示,单位为米每秒(m/s)。波速是波向前传播的速率,它不同于质点振动的速度。波速的大小取决于媒质的性质,与波源无关,也与波源是否在介质中运动无关。因此,在同一种各向同性均匀介质中,机械波的传播速度是恒定的,而在不同种类的介质中,机械波的传播速度是不同的。

通过上面几个物理量的学习,可知波长与波速、周期、频率之间的关系为

$$u = \frac{\lambda}{T} = \lambda\nu \tag{5-1}$$

波源决定波的频率和周期,媒质的性质决定波的传播速度,因此波长是由波源和介质的性质共同决定的,即同一频率的波在不同种类的介质中传播时,其波长不同。

5.2　平面简谐波

如果波源做的是简谐振动,所引起媒质中各质点做的也是同频率、同振幅的简谐振动,由此形成的波就是简谐波。若简谐波的波面是平面,则这样的简谐波就称为平面简谐波。

5.2.1　平面简谐波函数

为了准确描述做简谐振动的媒质中各个质点的位移随时间的变化关系,需要建立一个数学函数,它既能反映媒质中各个质点各个时刻的振动规律,也能反映波的传播情况。为了简单起见,假设该平面简谐波在一个不吸收能量、无限大、各向同性均匀媒质中传播。平面简谐波在传播时,同一波面上各质点的相位相同,它们离开各自的平衡位置有相同的位移,而同一波线上各质点的相位不同,但是它们之间存在着一定的关系。因此,只要我们知道了一条波线上某一质点的振动规律,就可知道其他任意质点的振动规律了。

　　设有一平面简谐波沿 x 轴正方向传播,波速为 u,媒质中各质点的振动沿 y 轴方向,如图 5-3 所示。取任意一条波线为 x 轴,在其上任取一点 O 为坐标原点,设位于原点 O 处质点的振动方程为

$$y_O = A\cos(\omega t + \varphi_O) \tag{5-2}$$

式中:y_O 表示 t 时刻坐标原点 O 处的质点离开平衡位置产生的位移;A 是质点振动的振幅;ω 是振动的角频率;φ_O 为初相。

　　此波线上任一质点都将以相同的振幅、相同的频率重复 O 处质点的振动,从相位上来讲,就是任一质点的相位都滞后坐标原点处质点的相位。在波线上任取一点 P,P 点的坐标为 x,波从 O 点传到 P 点所需要的时间为 $\Delta t = \dfrac{x}{u}$,即 P 点处质点在 $t + \Delta t$ 时

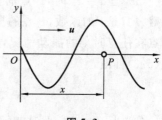

图 5-3

刻的振动状态与 O 处质点在 t 时刻的振动状态相同,反过来,P 点处质点在 t 时刻的振动状态与 O 处质点在 $t - \Delta t$ 时刻的振动状态相同。由于坐标原点处质点的位移随时间的关系是已知的,所以可以求出 P 点处质点任意时刻的振动情况,即

$$y = A\cos\left[\omega\left(t - \frac{x}{u}\right) + \varphi_O\right] \tag{5-3}$$

P 点是在波线上任意找的,所以具有代表性,式(5-3)就表示波线上任意质点在任意时刻的位移,反映了所有质点在所有时刻的运动状态,即表示整个波动过程。式(5-3)就是平面简谐波函数,也称为平面简谐波的波动方程。

　　如果平面简谐波沿 x 轴负方向传播,则波线上任一质点的相位都超前坐标原点处质点的相位。即 P 点的相位早于 O 点的相位,也就是说,P 点处质点在 t 时刻的振动状态与 O 处质点在 $t + \Delta t$ 时刻的振动状态相同,此时对应 P 点处质点在任意时刻 t 的位移为

$$y = A\cos\left[\omega\left(t + \frac{x}{u}\right) + \varphi_O\right] \tag{5-4}$$

结合式(5-3)和式(5-4),平面简谐波波动方程的一般式为

$$y = A\cos\left[\omega\left(t \mp \frac{x}{u}\right) + \varphi_O\right] \tag{5-5}$$

式中:x 表示质点的位置坐标;y 表示质点在 t 时刻的位移;负号表示波沿 x 轴的正方向传播,正号表示波沿 x 轴的负方向传播。

　　根据波速、周期、频率、波长之间的关系,可以将式(5-5)变形成其他常用形式,即

$$y = A\cos\left[2\pi\left(\frac{t}{T} \mp \frac{x}{\lambda}\right) + \varphi_O\right] \tag{5-6a}$$

$$y = A\cos\left[2\pi\left(\nu t \mp \frac{x}{\lambda}\right) + \varphi_O\right] \tag{5-6b}$$

$$y = A\cos\left(\omega t \mp \frac{2\pi}{\lambda}x + \varphi_O\right) \tag{5-6c}$$

5.2.2　平面简谐波函数的物理意义

由平面简谐波函数可知,y 是关于 x 和 t 的函数表达式,下面针对几种情况进行详细的讨论。

(1) 当 $x = x_0$ 时,P 点的坐标就唯一确定了,不再是波线上任取的一点,此时波函数 y 只是 t 的函数,P 点的振动曲线如图 5-4 所示。其意义表示位置坐标为 x_0 的质点在任意时刻的振动情况,这种情况类似于一个弹簧振子的振动,将 $x = x_0$ 代入式(5-3)可得

$$y = A\cos\left[\omega\left(t - \frac{x_0}{u}\right) + \varphi_O\right] \tag{5-7}$$

(2) 当 $t = t_0$ 时,此时波函数 y 只是 x 的函数,其函数反映的是所有质点只在 t_0 时刻的振动情况或者是所有质点在 t_0 时刻离开各自平衡位置的情况。所有质点在 t_0 时刻的振动情况如图 5-5 所示。相当于在 t_0 时刻给波形拍了一张照片,它自然显示的是 t_0 时刻的波形图。将 $t = t_0$ 代入式(5-3)可得

$$y = A\cos\left[\omega\left(t_0 - \frac{x}{u}\right) + \varphi_O\right] \tag{5-8}$$

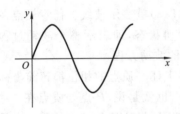

图 5-4

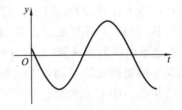

图 5-5

(3) 如果 x 和 t 都不给定,即都在变化,则 y 既是 x 的函数,也是 t 的函数,此时波函数表示所有质点在各个时刻的位移分布情况,如图 5-6 所示。其中包括了各个时刻的波形,表明波形传播和分布的时空周期性。在一个波线上取位置坐标为 x_1 的

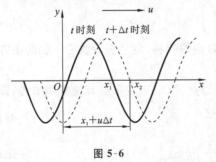

图 5-6

质点,假设该质点在 t 时刻的振动情况和对应该时刻的波形如图 5-6 所示,经过 Δt 时间后波形从图中实线位置传播至图中虚线位置。由图可见,t 时刻的波形与 $t + \Delta t$ 时刻的波形完全相同,只是后者比前者沿 x 轴正方向移动了一段距离 $\Delta x = u\Delta t$。下面通过表达式表示同一波线上不同质点间的振动关系。对于 x_1 处质点在 t 时刻的振动表达式用 $y(x_1, t)$ 表

示,则

$$y(x_1, t) = A\cos\left[\omega\left(t - \frac{x_1}{u}\right) + \varphi_0\right] \tag{5-9}$$

如图 5-6 所示,在波线上任取一点 x_2,x_2 处质点在 $t + \Delta t$ 时刻的振动表达式用 $y(x_2, t + \Delta t)$ 表示,则

$$y(x_2, t + \Delta t) = A\cos\left[\omega\left(t + \Delta t - \frac{x_1 + u\Delta t}{u}\right) + \varphi_0\right] = y(x_1, t) \tag{5-10}$$

式(5-10)表明:离波源较近的质点在 t 时刻的振动状态,经过 Δt 时间后传给了离波源较远的质点。这也说明了波动是振动状态的传播。可以想象,如果 $\Delta t = T$,波形沿着 x 轴正方向移动的距离为一个波长。若 $\Delta t = 2T$,对应的波形沿着 x 轴正方向移动了 2 倍波长。由此可知,波形以恒定的速度沿着波传播的方向运动,我们也常把这种波形随时间运动的波称为行波。

【例 5-1】 一平面简谐波沿 x 轴正方向传播,已知其波函数为 $y = 0.04\cos\pi(50t - 0.10x)$,求:(1)波的振幅、波长、周期及波速;

(2)质点振动的最大速度。

解 (1)将题目已知的波函数化为标准形式

$$y(x, t) = A\cos\left[2\pi\left(\frac{t}{T} - \frac{x}{\lambda}\right) + \varphi_0\right]$$

$$y = 0.04\cos\left[2\pi\left(\frac{50}{2}t - \frac{0.10x}{2}\right)\right]$$

两式通过比较,可得

波的振幅 $A = 0.04$ m, 波的周期 $T = \frac{2}{50}$ s $= 0.04$ s

波长 $\lambda = \frac{2}{0.10}$ m $= 20$ m, 波速 $u = \frac{\lambda}{T} = 500$ m/s

(2)最大振动速度可以根据 $v_{max} = \omega A$ 求得,即

$$v_{max} = \frac{2\pi}{T}A = 50\pi \times 0.04 \text{ m/s} = 2\pi \text{ m/s}$$

也可以根据 $v = \frac{\partial y}{\partial t} = -0.04 \times 50\pi\sin(50t - 0.10x)$ 求得,即

$$v_{max} = 50\pi \times 0.04 \text{ m/s} = 2\pi \text{ m/s}$$

【例 5-2】 一平面简谐波沿 x 轴正方向传播,已知 $A = 0.1$ m,$T = 2$ s,$\lambda = 2.0$ m。当 $t = 0$ 时,原点处质元位于平衡位置且沿 y 轴正方向运动,试求波的表达式。

解 设原点 O 处质元的振动表达式为

$$y_0 = A\cos(\omega t + \varphi)$$

角频率为

$$\omega = \frac{2\pi}{T} = \pi$$

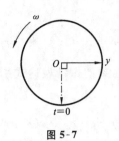

图 5-7

由已知条件,可以根据旋转矢量法,如图 5-7 所示,确定初始时刻原点处质元的初相

$$\varphi = -\frac{\pi}{2}$$

所以原点 O 处质元的振动表达式为

$$y_O = A\cos\left(\pi t - \frac{\pi}{2}\right)$$

x 轴上任一质元的相位都比原点处的相位滞后,则波的表达式为

$$y = 0.1\cos\left[\pi(t-x) - \frac{\pi}{2}\right]$$

【例 5-3】 一平面简谐横波以 400 m/s 波速在均匀介质中沿一直线传播,已知波源的振动周期为 0.01 s,振幅 $A = 0.01$ m,设以波源振动经过平衡位置向正方向运动时作为计时起点,求:(1) 以距波源 2 m 处为坐标原点写出波函数;(2) 距波源 2 m 和 1 m 的两点间的振动相位差。

解 （1）以波源所在处为坐标原点 O,由波源振动的初始条件,根据旋转矢量法求得其初相 $\varphi = -\frac{\pi}{2}$,角频率 $\omega = \frac{2\pi}{T} = 200\pi$,则波源的振动方程为

$$y_O = 0.01\cos\left(200\pi t - \frac{\pi}{2}\right)$$

波沿 x 轴正方向传播,由上式可求出距离波源 2 m 处质点的振动表达式为

$$y = 0.01\cos\left[200\pi\left(t - \frac{2}{400}\right) - \frac{\pi}{2}\right] = 0.01\cos\left(200\pi t - \frac{3\pi}{2}\right)$$

以距波源 2 m 处为坐标原点,则沿 x 轴正方向上任一点的相位都滞后于该处的相位,所以任一点的波的表达式为

$$y = 0.01\cos\left[200\pi\left(t - \frac{x}{400}\right) - \frac{3\pi}{2}\right]$$

（2）以波源所在处为坐标原点 O 求得的波函数为

$$y = 0.01\cos\left[200\pi\left(t - \frac{x}{400}\right) - \frac{\pi}{2}\right]$$

将 $x = 2$ 和 $x = 1$ 代入上式,可得出

$$y = 0.01\cos\left(200\pi t - \frac{3\pi}{2}\right)$$

$$y = 0.01\cos(200\pi t - \pi)$$

距波源 2 m 和 1 m 的两点间的振动相位差为

$$\Delta\varphi = \left(200\pi t - \frac{3\pi}{2}\right) - (200\pi t - \pi) = -\frac{\pi}{2}$$

【例 5-4】 已知一平面简谐波沿 x 轴正向传播,周期为 0.5 s,波长 $\lambda=10$ m,振幅 $A=0.1$ m。当 $t=0$ 时,波源振动的位移恰好为正的最大值,波源处取作坐标原点。

求:(1) 沿波的传播方向距离波源为 $\lambda/2$ 处质点的振动方程;

(2) 当 $t=T/2$ 时,$x=\lambda/4$ 处质点的振动速度。

解 (1) 当 $t=0$ 时,波源振动的位移恰好为正的最大值,根据旋转矢量法可知初相位为 0,则波源处的振动方程为

$$y_O=0.1\cos\left(2\pi\frac{t}{T}+0\right)=0.1\cos\left(2\pi\frac{t}{0.5}\right)=0.1\cos(4\pi t)$$

位置坐标 $x=\dfrac{\lambda}{2}$ 处的质点,其相位落后于波源,与波源的相位差 $\Delta\varphi=\dfrac{2\pi}{\lambda}\times\dfrac{\lambda}{2}=$
π,此质点的振动方程为

$$y=0.1\cos(4\pi t-\Delta\varphi)=0.1\cos(4\pi t-\pi)$$

(2) 与上述过程同理,位置坐标 $x=\dfrac{\lambda}{4}$ 处的质点,其相位亦落后于波源,与波源的相位差 $\Delta\varphi=\dfrac{2\pi}{\lambda}\times\dfrac{\lambda}{4}=\dfrac{\pi}{2}$,此质点的振动表达式为

$$y=0.1\cos(4\pi t-\Delta\varphi)=0.1\cos\left(4\pi t-\dfrac{\pi}{2}\right)$$

质点的振动速度为

$$v=\frac{\mathrm{d}y}{\mathrm{d}t}=-0.1\times4\pi\sin\left(4\pi t-\frac{\pi}{2}\right)=0.4\pi\cos(4\pi t)$$

当 $t=\dfrac{T}{2}=\dfrac{0.5}{2}$ s $=0.25$ s 时,速度为

$$v=0.4\pi\cos(4\pi\times0.25)=-0.4\pi$$

【例 5-5】 如图 5-8 所示,已知 $t=0$ 时刻和 $t=0.5$ s 时的波形分别为图中实线和虚线,波沿 x 轴正方向传播,根据图中所给条件,求:

(1) 波动方程;

(2) P 点的振动表达式。

解 (1)由已知条件可知,振幅 $A=0.1$ m,波长 $\lambda=4$ m,$t=0$ 时刻坐标原点处的质点处于平衡位置,经过 0.5 s 后,该质点处于负的最大位移处,根据旋转矢量法,如图 5-9 所示,可得坐标原点处的初相 $\varphi_O=\dfrac{\pi}{2}$,角频率 $\omega=\pi$,波的周期 $T=2$ s,波速 $u=2$ m/s,则波动方程为

$$y=0.1\cos\left[\pi\left(t-\frac{x}{2}\right)+\frac{\pi}{2}\right]$$

(2) 将 P 点的位置坐标 $x=1$ 代入上式,即是 P 点的振动表达式:

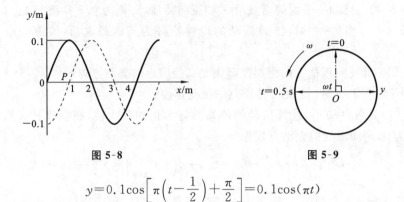

图 5-8　　　　　　　　　　　　　　　　　图 5-9

$$y = 0.1\cos\left[\pi\left(t - \frac{1}{2}\right) + \frac{\pi}{2}\right] = 0.1\cos(\pi t)$$

5.2.3　平面波的波动微分方程

平面简谐波波函数

$$y = A\cos\left[\omega\left(t - \frac{x}{u}\right) + \varphi_O\right] \tag{5-11}$$

该函数式 y 分别是 x 和 t 的函数，分别对 x 和 t 求二阶偏导数，得

$$\frac{\partial^2 y}{\partial x^2} = -\frac{\omega^2}{u^2}A\cos\left[\omega\left(t - \frac{x}{u}\right) + \varphi_O\right] \tag{5-12}$$

$$\frac{\partial^2 y}{\partial t^2} = -\omega^2 A\cos\left[\omega\left(t - \frac{x}{u}\right) + \varphi_O\right] \tag{5-13}$$

通过比较，可得两式之间的关系

$$\frac{\partial^2 y}{\partial x^2} = \frac{1}{u^2}\frac{\partial^2 y}{\partial t^2} \tag{5-14}$$

这是平面简谐波波函数满足的微分方程，它也是一切平面波所必须满足的微分方程。其意义还在于：不管是力学量还是其他量，只要该量对坐标 x 和时间 t 的关系满足上面的方程，那么该物理量一定是以平面波的形式传播，u 代表波速。

5.3　波 的 能 量

一列波是由于波源的振动通过弹性媒质将振动的形式由近向远依次传播出去而形成的，波的传播既是振动状态的传播也是能量的传播。本节将讨论波的能量随时间的变化规律。

5.3.1　波的能量

当机械波在弹性媒质中传播时，媒质中各质点均在各自的平衡位置附近振动，因此具有动能，同时各质点也要产生形变而具有势能。接下来以绳波为例推导出波的动能和势能。一列波速为 u 的平面简谐波沿 x 轴正方向传播，绳子的振动方向沿 y 轴，则该平面简谐波波函数为

$$y = A\cos\left[\omega\left(t - \frac{x}{u}\right) + \varphi_0\right] \tag{5-15}$$

设绳子单位长度上的质量为 μ，在绳子上任取一长为 Δx 的线元，该线元的质量为 $\Delta m = \mu \Delta x$，根据波函数可求出线元在任意时刻的振动速度为

$$\frac{\partial y}{\partial t} = -\omega A\sin\left[\omega\left(t - \frac{x}{u}\right) + \varphi_0\right] \tag{5-16}$$

振动动能为

$$E_k = \frac{1}{2}\Delta m v^2 = \frac{1}{2}\Delta m \omega^2 A^2 \sin^2\left[\omega\left(t - \frac{x}{u}\right) + \varphi_0\right] \tag{5-17}$$

波在传播过程中，线元不仅在 y 方向有位移，而且线元还要发生形变，由原长 Δx 变成 Δl，如图 5-10 所示。伸长量为 $\Delta l - \Delta x$，线元两端要受到张力 T 的作用，当线元的形变量很小，在研究线元 y 方向的运动规律时，可以认为线元两端的张力大小相等，即 $T_1 = T_2 = T$。在线元伸长过程中，张力所做的功数值上等于此线元的势能，即

$$W_P = T(\Delta l - \Delta x) \tag{5-18}$$

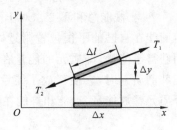

图 5-10

当 Δx 很小时，有

$$\Delta l = \sqrt{(\Delta x)^2 + (\Delta y)^2} = \Delta x\left[1 + \left(\frac{\Delta y}{\Delta x}\right)^2\right]^{1/2} \approx \Delta x\left[1 + \left(\frac{\partial y}{\partial x}\right)^2\right]^{1/2} \tag{5-19}$$

对此式用二项式定理展开，并略去高次项，则有

$$\Delta l \approx \Delta x\left[1 + \frac{1}{2}\left(\frac{\partial y}{\partial x}\right)^2\right] \tag{5-20}$$

所以

$$W_P = T(\Delta l - \Delta x) = \frac{1}{2}T\left(\frac{\partial y}{\partial x}\right)^2 \Delta x \tag{5-21}$$

波函数 y 对 x 求一阶偏微分，得

$$\frac{\partial y}{\partial x} = \frac{\omega}{u}A\sin\left[\omega\left(t - \frac{x}{u}\right) + \varphi_0\right] \tag{5-22}$$

根据波速与弹性媒质性质的关系 $u = \sqrt{\dfrac{T}{\lambda}}$，可得出 $T = u^2\lambda$。将 $T = u^2\lambda$ 及式

（5-22）代入式（5-21），则该线元的势能表达式为

$$W_P = \frac{1}{2}\Delta m A^2 \omega^2 \sin^2\left[\omega\left(t-\frac{x}{u}\right)+\varphi_O\right] \tag{5-23}$$

结合线元的动能，可得出线元的总机械能为

$$W = W_k + W_P = \Delta m A^2 \omega^2 \sin^2\left[\omega\left(t-\frac{x}{u}\right)+\varphi_O\right] \tag{5-24}$$

通过比较动能和势能表达式，可以看出：两者都是关于时间周期性变化的正弦函数。波在传播的过程中，同一质元任意时刻的动能和形变势能的大小都相等，并且任意时刻的相位都是相同的。当质元处于平衡位置时，速度最大，动能最大，这时势能

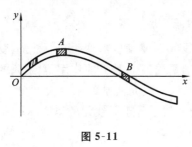

图 5-11

也最大。当质元达到最大位移处时，振动速度为零，动能为零，此时的势能亦为零。为了帮助大家更好地理解，如图 5-11 所示，当质元处于平衡位置处 B 点时，质元有最大形变，而在最大位移处 A 点时，质元几乎没有形变。这点与弹簧振子的振动动能和势能完全不同。对于孤立的振子，振动动能和势能之间可以相互转化，使得机械能总和不变。对于简谐波而言，初始时处于静止状态的某个质元之所以后面能在自己的平衡位置附近做简谐振动，是因为受到了前面相邻质元的能量传递而获得了能量，即质元的能量在增加，同理，当该质元把它的能量传递给下一个和它相邻的质元时，它便释放了能量。该质元从上一个质元处不断地获得能量又向下一个质元释放能量，动能和势能在同步变化，其总能量是不守恒的。

值得注意的是，弹簧振子的势能为质点和弹簧所共有，而波动过程中质元的势能是因为形变，所以是为质元所有的。

为了精确描述媒质中波的能量分布情况，引入能量密度，即单位体积中波的能量，用 w 表示，即

$$w = \rho A^2 \omega^2 \sin^2\left[\omega\left(t-\frac{x}{u}\right)+\varphi_O\right] \tag{5-25}$$

从式（5-25）可以看出，对于媒质中某确定质元的能量是随时间 t 周期性变化的，或对于某确定时刻媒质中波的能量随各质元位置 x 周期性分布。为此，通常取其在一个周期内的平均值，称为平均能量密度，用 $\overline{w}$ 表示，即

$$\overline{w} = \frac{1}{T}\int_0^T w\,\mathrm{d}t = \frac{1}{T}\int_0^T \rho A^2 \omega^2 \sin^2\left[\omega\left(t-\frac{x}{u}\right)+\varphi_O\right] = \frac{1}{2}\rho A^2 \omega^2 \tag{5-26}$$

从式（5-26）结论可以看出，对于给定媒质，平均能量密度与角频率的平方、振幅的平方成正比。

5.3.2　能流密度与平均能流密度

波动的过程既伴随着振动状态的传播也伴随着能量的传播,根据波的能量传播特点,即媒质中各质元从其前面质元处吸收能量,然后又向其后面质元放出能量,这样以此类推,这种各质元间能量的传递可以形象地看作是能量沿着传播方向在媒质间的流动。为了描述能量在媒质中的这种流动,引入能流和能流密度的概念。单位时间内通过媒质中某一给定面积的能量,称为通过该面积的能流,用 P 表示,单位为焦耳/秒(J/s)。如图 5-12 所示,在媒质中垂直于波的传播方向上取一面积 S,则在 $\mathrm{d}t$ 时间内通过面积 S 的能量就等于以 $u\mathrm{d}t$ 为长,以 S 为底面积的长方体内的能量,通过该给定面积的能流为

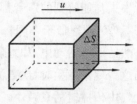

图 5-12

$$P = \frac{wuS\mathrm{d}t}{\mathrm{d}t} = wuS = \rho A^2 \omega^2 uS\sin^2\left[\omega\left(t - \frac{x}{u}\right) + \varphi_0\right] \tag{5-27}$$

显然,能流也是随时间周期性变化的。我们把单位时间内通过垂直于波的传播方向单位面积上的能量称为能流密度。能流密度在一个周期内的平均值称为平均能流密度,也叫波的强度,用 I 表示,单位为瓦/米^2(W/m^2),即

$$I = \overline{w}u = \frac{1}{2}\rho A^2 \omega^2 u \tag{5-28}$$

其方向与波速相同,大小与波的振幅的平方成正比。

5.3.3　波的吸收

波在媒质中实际传播时,媒质多少会吸收一部分波的能量,所以波的强度和振幅都会逐渐减小。减小的这部分能量被转化成其他形式的能量,这种现象称为波的吸收。

设波沿 x 轴正方向传播,若波传播至 x 处时对应波的振幅为 A,等波传播 $\mathrm{d}x$ 距离后振幅衰减量为 $-\mathrm{d}A$,实验证明,振幅衰减量与该处振幅 A 以及 $\mathrm{d}x$ 成正比,即

$$-\mathrm{d}A = \alpha A \mathrm{d}x \tag{5-29}$$

α 为衰减系数,与媒质的性质有关。式(5-29)两边同时积分,可得

$$A = A_0 \mathrm{e}^{-\alpha x} \tag{5-30}$$

式中:A 和 A_0 分别表示 x 和 $x=0$ 处的振幅。由于波强与波的振幅平方成正比,所以波强衰减的规律为

$$I = I_0 \mathrm{e}^{-2\alpha x} \tag{5-31}$$

式中:I 和 I_0 分别表示 x 和 $x=0$ 处的波强。

5.3.4　声波　超声波　次声波

通过前面的学习我们知道声波是纵波,它可以在固体、液体、气体中传播,日常生活中大部分接触到的声波都是声音在空气中的传播,声波按频率可分为以下三类。

(1) 频率在 20～20000 Hz 能引起人们听觉反应的声波称为可闻声波。日常生活中人耳能听到的声音都在该频率范围内,如声带、乐器、喇叭发出的声音。

(2) 频率低于 20 Hz 并且是人耳听不到的声波称为次声波。次声波多存在于大自然的一些活动中,如地震、海啸、极光、台风、雷暴、电离层、火山爆发等大规模运动。当这些现象发生时,次声波给我们带来了不少的自然信息,次声波频率虽然低,但在大气中传播时的衰减小,不容易被吸收,穿透力极强,既可以穿透大气、海水和土壤,还可以穿透钢筋水泥建造的建筑物,甚至坦克、军舰、潜艇也能穿透,并且传播距离很远。所以次声波堪称大气中优秀的"通信员"。由于次声波有远距离传播的突出特点,它的应用已受到人们越来越多的关注,它不仅用于探测地震,而且也用于军事侦察,对次声波的产生、传播、接收、影响和应用的研究,已导致声学的一个新分支的形成,这就是次声学。

次声波穿透人体时,会使人产生一些不良的反应,严重会破坏大脑的神经系统,甚至导致死亡。

(3) 频率高于 20000 Hz 并且也是人耳听不到的声波称为超声波。产生超声波的装置有两类,分别是机械型超声发生器和电声型超声发生器。实验室测空气中的声速就是利用压电效应和磁致伸缩效应,超声波的显著特点是频率高、波长短、定向传播性好,在传播过程中衍射现象不显著,容易得到定向而集中的超声波束,能够产生反射、折射,也易于聚焦。由于超声波频率高,其声强比一般声波的大得多,波场中有很大的能量,超声波在工业上用于机械加工、焊接、超声清洗等。另外,超声波的穿透本领很大,在液体、固体中传播时,衰减很小,在不透明的固体中,超声波能穿透几十米的厚度,利用超声波的穿透能力和遇到杂质或在媒质分界面产生的反射和透射,可以制成各种声成像设备,这使得超声波可用于材料检测、超声探伤、探测鱼群和潜艇、测量海深、研究海底的起伏及地质勘探等。B超就是超声波探伤在医学中的应用,可用其探测人体内部的病变。蝙蝠利用超声波引导它的飞行和捕猎昆虫。超声波的空化作用可进行固体的粉碎、乳化、脱气、除尘、去垢、清洗等。在媒质中的传播特性,如波速、衰减、吸收等,都与媒质的各种宏观的非声学的物理量有着密切关系。例如,声速与媒质的弹性模量、密度、温度、气体的成分等有关;声强的衰减与材料的孔隙率、黏滞性等有关,利用这些特性,已制成了测定这些物理量的各种超声仪器,这类仪器具有测量精度高、速度快等优点。

5.3.5　声强

声波的强度称为声强,就是前面提到的平均能流密度,通俗讲即为人们常说的音量,它是描述声音大小的物理量。能引起人们听觉反应的声波,除了对频率有要求外,还要有一定的声强,该声强为 $10^{-12} \sim 1$ W/m²,低于下限值和高于上限值均不能引起听觉,并且高于上限值还会产生痛觉。从上面可引起人的听觉反应的上下限值可知,它们的数量级相差很大(12 个数量级),但人耳对声音强弱的感觉却不是相差这么多,就是说声强大了 10 倍,人并未感觉到声音也大了 10 倍。人耳对声音强弱的主观感觉称为响度,它并非正比于声强,而是正比于声强的对数。通常以 $I_0 = 10^{-12}$ W/m² 作为声强的标准,其他声强则用声强级 L_I 表示,其定义为

$$L_I = \lg(I/I_0) \tag{5-32}$$

其单位为贝尔,符号是 B。由于贝尔这个单位太大,所以通常采用贝尔的十分之一,即分贝作为声强级的单位,1 B=10 dB。正常声音的声强级大致为 40~60 dB。

5.4　惠更斯原理

前面对于波的研究是基于波在均匀连续的介质中传播的,那么,当波在传播的过程中遇到障碍物或者在两种介质交界面传播时会发生什么呢? 本节我们就来研究这类问题。

5.4.1　波的衍射　惠更斯原理

波在传播的过程中,波源振动最早,然后通过弹性媒质使得后面各质点依次振动传播,后面每一个质点的振动都要重复前面质点的振动,所以介质中任何一点都可以看作是新的波源,如水面波在水面上传播时遇到了一个障碍物,障碍物的线度与波长相差不大时,如图 5-13 所示。左边的水波是平面波,遇到障碍物以后变成以小孔为中心的圆形波,该波面与原来波面的形状无关,这说明小孔可以看作是新的波源,如图 5-14 所示。惠更斯在观察和研究了大量类似的现象之后,得出了惠更斯原理。主要内容是:波在传播的过程中,波阵面上的任一点都可以看作是发射子波的波源,其后的任一时刻,这些子波的包络面决定新的波阵面。惠更斯原理不仅适用于机械波,也适用于电磁波,不论这些波通过均匀或非均匀的各向同性、各向异性的媒质时,都可根据某时刻的波阵面用几何作图法求出下一时刻的波阵面。

前面已经知道,在各向同性均匀介质中,波线与波面相互垂直,所以,根据惠更斯原理,可以定性地解释波的传播方向问题。下面举例说明惠更斯原理的应用。

已知平面波以波速 u 在某媒质中传播,如图 5-15 所示。在某一时刻 t 的波阵面为 S_1,由惠更斯原理可知,波面 S_1 上各点都可看作是发射子波的波源,以各点为中

心，以 $r = u\Delta t$ 为半径，画出这些子波的波面，再作这些波面沿着波传播方向的包络面 S_2，S_2 就是 $t + \Delta t$ 时刻的波阵面。同理，可根据上述方法作出球面波在 $t + \Delta t$ 时刻的波阵面 S_2，该波阵面为球面波，如图 5-16 所示。

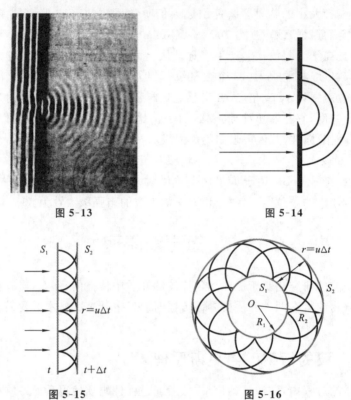

图 5-13　　　　　　　　　　　　　图 5-14

图 5-15　　　　　　　　　　　　图 5-16

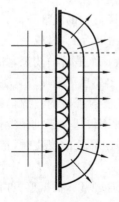

图 5-17

结合上面的两个例子，当波在各向同性均匀的媒质中传播时，可以看出某一时刻的波阵面的形状与下一时刻波阵面的形状是一样的，波面和波前的形状不变，波的传播方向也保持不变。当波在不均匀的介质或从一种介质传播到另一种介质中时，波面的形状将发生变化，同时波的传播方向也发生变化。

波在传播过程中遇到障碍物使其传播方向发生变化，并能绕过障碍物的边缘继续向前传播的现象，称为波的衍射。如图 5-17 所示，当一列平面波在媒质中传播遇到一个开有窄缝的障碍物时，波会通过窄缝并绕到缝的后面，根据惠更斯原理，波传到窄缝处，窄缝上的各点都是发射子波的新的波源，作出包围所有子波的包络面，便是通过窄缝后的波前，此外，波还要继续向前推进。

从图 5-17 可以看出,窄缝有一定的宽度,新波阵面的中间部分是平面,对应的波线是一系列平行直线,说明作定向传播。但是靠近窄缝的边缘处,波阵面发生了弯曲,因为波在各向同性均匀介质中传播,波面与波线垂直,所以波线的方向也发生改变,波就能绕过障碍物进入波沿直线传播时所不能到达的区域。通过比较可以知道,衍射现象的明显程度与缝宽有关(缝的宽窄是与波长相比较而言的),当缝宽与波长差不多时,波保持定向传播的部分就越小,平面波通过缝时,缝边缘处的波阵面发生了明显的弯曲,衍射现象越明显,如图 5-14 所示。相反,如果缝宽远大于波长时,波保持定向传播的部分就越大,即平面波通过缝后的波阵面与原来的相差不大,衍射现象就越不明显,如图 5-17 所示。

声音在空气中传播时,其波长为 1.7 cm ~ 17 m,与门的宽度差不多,所以在日常生活中,常常在门外就能听到室内两人的谈话声。也就是说,声波的衍射现象很明显。而光波的波长在 10^{-5} cm 数量级,日常生活中难以观察到光波的衍射现象,这样显得波总是沿直线传播。在技术应用中,若要定向传播电信号,则要选择波长较短的波。

5.4.2 波的反射和折射

惠更斯原理不仅可以解释波的衍射,还能说明波在介质交界面上的反射和折射定律。如图 5-18 所示,一平面波以波速 u_1 入射到介质 1 和介质 2 的交界面上,设 t 时刻入射波的波阵面到达 AE 位置,入射波的波线与分界面法线的夹角 i 为入射角。此后,在 $t+\Delta t/3$、$t+2\Delta t/3$、$t+\Delta t$ 时刻,入射波的波面依次与交界面交于 B、C、D 点,根据惠更斯原理,界面上的 A、B、C 各点都是发射子波的波源,分别画出 $t+\Delta t$ 时刻的各子波,由于在同一介质中传播,所以波速 u_1 不变,对应各子波的半径分别为 $u_1\Delta t$、$2u_1\Delta t/3$、$u_1\Delta t/3$。直线 DF 就是这些子波的包络面。反射波的波线与分界面的法线的夹角 i' 为反射角。从图 5-18 可以得出,入射线、反射线和分界面法线均在同一平面内,由几何关系可得,直角三角形 $\triangle ADE \cong \triangle DAF$,进而可得入射角等于反射角,即 $\angle i = \angle i'$,这一结论为波的反射定律。

设平面波在介质 2 中的波速为 u_2,入射波到达两介质的交界面,界面上 A、B、C、D 各点发射的子波在介质 2 中的传播就为折射波。折射线与界面法线的夹角为折射角,如图 5-19 中 γ 角。根据惠更斯原理,画出 $t+\Delta t$ 时刻,从 A、B、C 各点发射在介质 2 中半径分别为 $u_2\Delta t$、$2u_2\Delta t/3$、$u_2\Delta t/3$ 的子波,这些子波的包络面就是 DF'。由几何关系可得,$DE = u_1\Delta t = AD\sin i$,$AF' = u_2\Delta t = AD\sin\gamma$,从而可以得出

$$\frac{\sin i}{\sin \gamma} = \frac{u_1}{u_2} = n_{21} \tag{5-33}$$

n_{21} 表示介质 2 相对介质 1 的相对折射率,从图 5-19 还可以看出,入射线、折射线和分界面法线在同一平面内,这一结论就是波的折射定律。由式(5-33)可知,当

$n_{21}>1$ 时,入射角大于折射角,即 $i>\gamma$,则折射线靠近法线;当 $n_{21}<1$ 时,入射角小于折射角,即 $i<\gamma$,则折射线远离法线;但是当 $\gamma \geqslant 90°$ 时,折射线将消失,入射线将全部反射回介质 1 中,这种现象称为全反射。

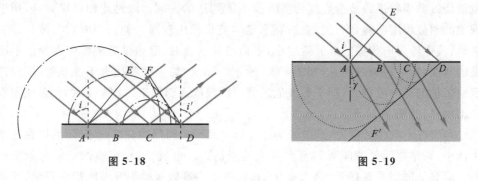

图 5-18　　　　　　　　　　　　　　图 5-19

5.5　波的干涉

5.5.1　波的叠加原理

日常生活中的更多情况下,我们会见到同时有几列波在同一介质中传播。但是它们还能保持自身的频率、波长、振幅以及振动方向不变,就像周围只有它一列波在传播一样。例如,当几个朋友在交谈时,我们依然能分辨出每个人说话的语音;一首歌曲的伴奏都会有很多种乐器同时发出声音,但是我们仍能辨别出各种乐器的音调;听广播时,空间存在着很多电台发射的无线电波,但是我们可以任意地选择自己喜欢听的广播节目。这些现象表明,一列波在空间传播时,并不会因为其他波的存在而受到影响。我们把波在传输过程中不受其他波影响的性质称为波的独立传播原理,其主要内容是:几列波在空间传播时,无论相遇与否,都将保持原有的特性不变,并且仍能按照原来的方向继续向前传播。

几列波在相遇的重叠区域,任一质点的振动等于各列波单独存在时所引起的振动的合振动。例如,当几个声音同时传到我们的耳朵时,耳朵内的鼓膜将以各个声波单独引起的分振动的合成的形式在振动。这就是波的叠加原理。值得注意的是,波的叠加原理仅适用于线性波的问题,即在波的强度不太大时,描述波动过程的波动微分方程是线性的。本节只讨论波的叠加原理成立的情形。

5.5.2　干涉相长　干涉相消

5.4 节已经讲过,波在传播过程中遇到障碍物会产生波的衍射,与波的衍射一样,波的干涉也是波动的重要特征。当几列波在空间相遇叠加时,如果满足频率相同、振动方向相同、相位相同或相位差恒定,那么,在它们相遇的区域会产生波的干涉现象。如图 5-20 所示,它是水波表现出来的波的干涉,在同一个支架的末端安装两个小球,将支架垂直放入水中,使得两个小球紧贴水面,当支架振动时,两小球就在水面上下振动并不断打击水面,水面被扰动的两点就是两个相干波源,即两个振动方向相同、频率相同、相位相同的波源。它们发出两列相干波在水面相遇叠加后,形成稳定的图样:有些地方的水面起伏较大,说明此处水面振动加强了;而有些地方水面起伏很微弱甚至不动,说明此处水面振动减弱了,并且振动加强和减弱的区域都是固定不变的。图 5-21 是两列相干波相遇叠加的示意图。

图 5-20

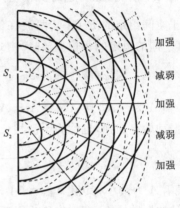

图 5-21

根据上面内容的表述,我们知道满足相干条件的两列波在其相遇区域会产生某些地方振动始终加强,某些地方振动始终减弱的情况。接下来,进一步讨论振动加强和减弱的条件,以及振动加强和减弱的位置。

设两个相干波源分别为 S_1 和 S_2,波源均做简谐振动,其振动方程分别是

$$y_{10} = A_1 \cos(\omega t + \varphi_1) \tag{5-34}$$

$$y_{20} = A_2 \cos(\omega t + \varphi_2) \tag{5-35}$$

式中:A_1 和 A_2 分别为两波源的振幅;ω 为它们的频率;φ_1 和 φ_2 分别为两波源振动的初相。

假设从 S_1 和 S_2 发出的两列波在同一介质中传播,经过一段时间后同时到达 P 点,P 点分别到两波源 S_1 和 S_2 的距离为 r_1、r_2,如图 5-22 所示,则它们分别在 P 点引起的两个分振动为

$$y_1 = A_1 \cos\left(\omega t + \varphi_1 - \frac{2\pi r_1}{\lambda}\right) \tag{5-36}$$

$$y_2 = A_2 \cos\left(\omega t + \varphi_2 - \frac{2\pi r_2}{\lambda}\right) \tag{5-37}$$

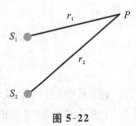

图 5-22

　　对于 P 点来讲,它同时参与了两个简谐振动的合成,其合振动仍然是简谐振动,根据波的叠加原理,可得 P 点的合振动为

$$y = y_1 + y_2 = A\cos(\omega t + \varphi) \tag{5-38}$$

式中:A 为合振动的振幅;φ 为合振动的初相位。

$$A = \sqrt{A_1^2 + A_1^2 + 2A_1 A_2 \cos\Delta\varphi} \tag{5-39}$$

$$\Delta\varphi = \varphi_2 - \varphi_1 - 2\pi\frac{r_2 - r_1}{\lambda} \tag{5-40}$$

式中:$\varphi_2 - \varphi_1$ 是两波源引起的初相差;$2\pi\dfrac{r_2 - r_1}{\lambda}$ 是两波源传播距离不同引起的相位差。对于空间给定的 P 点,其两波在给定点的相位差 $\Delta\varphi$ 是恒定的,对于空间不同点,有其不同的恒定的相位差 $\Delta\varphi$。由式(5-40)可知,当空间各点满足

$$\Delta\varphi = \varphi_2 - \varphi_1 - 2\pi\frac{r_2 - r_1}{\lambda} = \pm 2k\pi, \quad k = 0, 1, 2, \cdots \tag{5-41}$$

时,合振幅 A 为最大,且 $A_{max} = A_1 + A_2$,波强 $I_{max} = I_1 + I_2 + 2\sqrt{I_1 I_2}$。此时,这些位置处的振动始终加强,也称为干涉相长。然而当空间各点满足

$$\Delta\varphi = \varphi_2 - \varphi_1 - 2\pi\frac{r_2 - r_1}{\lambda} = \pm(2k+1)\pi, \quad k = 0, 1, 2, \cdots \tag{5-42}$$

时,合振幅 A 为最小,其值 $A_{min} = |A_1 - A_2|$,波强 $I_{min} = I_1 + I_2 - 2\sqrt{I_1 I_2}$。此时,这些位置处的振动始终减弱,也称为干涉相消。

　　如果两个波源 S_1 和 S_2 的初相相同,这时相位差 $\Delta\varphi$ 仅是由两波源在空间传播距离的不同引起的,那么,上述问题可简化,当

$$\Delta\varphi = 2\pi\frac{r_1 - r_2}{\lambda} = \pm 2k\pi, \quad k = 0, 1, 2, \cdots \tag{5-43}$$

时,合振动振幅最大。而当

$$\Delta\varphi = 2\pi\frac{r_1 - r_2}{\lambda} = \pm(2k+1)\pi, \quad k = 0, 1, 2, \cdots \tag{5-44}$$

时,合振动振幅最小。

　　其中,$\delta = r_1 - r_2$ 表示两相干波在介质中传播时到达相遇点的波程之差。由此,可以得出,

$$\delta = r_1 - r_2 = \pm k\lambda, \quad k = 0, 1, 2, \cdots \text{ 干涉相长} \tag{5-45}$$

$$\delta = r_1 - r_2 = \pm(2k+1)\frac{\lambda}{2}, \quad k = 0, 1, 2, \cdots \text{干涉相消} \tag{5-46}$$

上式可以表明,当两个波源的初相位相同时,在它们发出的波的重叠区域内,波程差等于零或是波长的整数倍的空间各点,振幅和强度均最大,该区域干涉相长;波程差等于半波长的奇数倍的空间各点,振幅和强度均最小,该区域干涉相消。对于波程差既不满足波长的整数倍也不满足半波长的奇数倍的空间各点,其合振动的振幅介于

最大值和最小值之间。

【例 5-6】 如图 5-23 所示。x 轴上有两个相距 $3\lambda/4$ 的相干波源 S_1 和 S_2，若波在传播过程中振幅不变，且两个相干波源的振幅相等。已知从两波源发出的两列波传播到图中 P 点时，引起的合振动的强度等于其中一个波强度的 4 倍，求两波源相位差满足的条件。

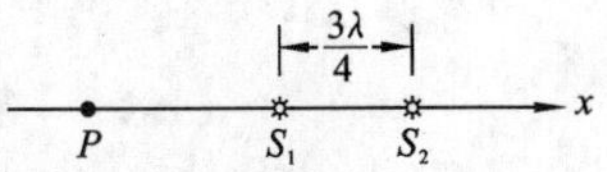

解　由题意可知，从两波源发出的波沿 x 轴传播到 P 点时的波程差 $\delta = \dfrac{3\lambda}{4}$，两列波的振幅 $A_1 = A_2$，可得到 P 点合振动强度的关系

$$I = I_1 + I_2 + 2\sqrt{I_1 I_2}\cos\Delta\varphi = 4I_1$$

由此可得到

$$\Delta\varphi = 2k\pi, \quad k = 0, 1, 2, \cdots$$

说明两列波在 P 点相遇叠加为干涉相长，从而得出两列波在该处的相位差为

$$\Delta\varphi = \varphi_2 - \varphi_1 - 2\pi\frac{\delta}{\lambda} = \varphi_2 - \varphi_1 - \frac{3\pi}{2} = 2k\pi$$

则

$$\varphi_2 - \varphi_1 = 2k\pi + \frac{3\pi}{2}$$

当 $k = 0$ 时，两波源的相位差为 $3\pi/2$。

图 5-23

5.6　驻　　波

5.6.1　驻波的产生

两列振幅相等、传播方向相反的相干波相遇叠加后所形成的波，称为驻波。它是干涉现象的一种特殊情况。这种情况一般可以在一些弦乐器上得以实现。如二胡和小提琴，一根弦线两端都固定，用手拨动弦线就会激发沿弦线传播的波，在端点反射后产生反射波，这时，弦线上既有手所激起的波又有反射波，并且这两种波满足频率相同、振动方向相同、振幅相同、传播方向相反的条件，经合成后可以看到波形不传播但弦线分段振动的情形，这就是驻波。

5.6.2　驻波方程

设有两列振幅相等、初相位都为零，分别沿 x 轴正方向、负方向传播的相干波，这两列波的表达式分别是

$$y_1 = A\cos\left(\omega t - \frac{2\pi}{\lambda}x\right) \tag{5-47}$$

$$y_2 = A\cos\left(\omega t + \frac{2\pi}{\lambda}x\right) \tag{5-48}$$

两波在相遇区域的合位移为

$$y = y_1 + y_2 = A\cos\left(\omega t - \frac{2\pi}{\lambda}x\right) + A\cos\left(\omega t + \frac{2\pi}{\lambda}x\right) \tag{5-49}$$

对式(5-49)利用和差化积公式,整理得

$$y = 2A\cos\left(\frac{2\pi}{\lambda}x\right)\cos(\omega t) \tag{5-50}$$

式(5-50)称为驻波方程或驻波表达式。从表达式的形式可以看出,其包含两个因子,因子 $\cos(\omega t)$ 是关于时间 t 的函数,表示各质点都在做同频率的简谐振动。因子 $2A\cos\left(\frac{2\pi}{\lambda}x\right)$ 是关于质点坐标 x 的余弦函数,说明各质点的振幅均按余弦函数规律分布。质点坐标 x 不同,合成波的振幅 $\left|2A\cos\left(\frac{2\pi}{\lambda}x\right)\right|$ 也就不同。

5.6.3 驻波的特征

当合振动振幅 $\left|2A\cos\left(\frac{2\pi}{\lambda}x\right)\right| = 2A$,即坐标 x 满足

$$x = \pm 2k\frac{\lambda}{4}, \quad k = 0, 1, 2, \cdots \tag{5-51}$$

该处是振幅最大的位置,称为波腹。

当合振动振幅 $\left|2A\cos\left(\frac{2\pi}{\lambda}x\right)\right| = 0$,即坐标 x 满足

$$x = \pm(2k+1)\frac{\lambda}{4}, \quad k = 0, 1, 2, \cdots \tag{5-52}$$

该处是振幅最小的位置,即这些点始终静止不动,称为波节。

由式(5-51)和式(5-52)还可以看出,相邻两波腹或相邻两波节间的距离是

$$x_{k+1} - x_k = \frac{\lambda}{2} \tag{5-53}$$

显然,相邻波腹和波节之间的距离为 $\frac{\lambda}{4}$。波腹与波节是等间距交替地排列,所以,若知道了相邻两波节之间的距离,就能知道驻波的波长。既不处于波腹也不处于波节位置的质点,其振动的振幅介于 0 和 2A 之间。

图 5-24 画出了入射波、反射波以及两列波相遇叠加后用黑色实线表示的合成波(驻波)。各图依次分别对应 $t=0$、$t=T/8$、$t=T/4$、$t=3T/8$、$t=T/2$ 时刻 x 轴上各质点振动位移的变化情况,从图中可以明显地看出,O_1、O_2、O_3、O_4 等质点始终不动,它们就是波节,相邻两者间的距离为半个波长。C_1、C_2、C_3、C_4 等质点是波腹,它们振动的范围最大。从驻波的波形图还可以看出,波腹和波节的位置固定不变,驻波的波

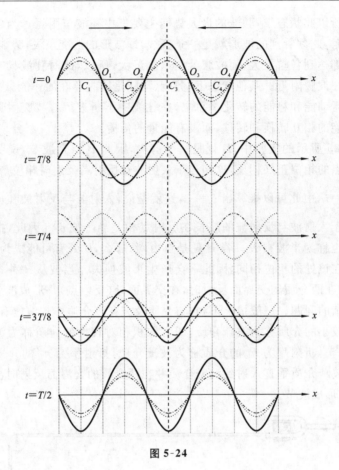

图 5-24

形也不左右移动,所有质点均以各自确定的振幅围绕各自的平衡位置上下振动。

虽然各质点都做角频率为 ω 的简谐振动,但各质点振动的相位不同,由 $y = 2A\cos\left(\dfrac{2\pi}{\lambda}x\right)\cos(\omega t)$ 可以看出,对于不同的 x 值,振幅 $2A\cos\left(\dfrac{2\pi}{\lambda}x\right)$ 有正负之分,我们发现,一个波节左右两侧各点对应的 $\cos\left(\dfrac{2\pi}{\lambda}x\right)$ 的符号正好相反,表明左右两侧的质点振动相位相反,即两侧各点同时沿相反方向到达正、负最大位移处,接着又同时改变方向回到各自平衡位置。而相邻两个波节之间的各质点对应的 $\cos\left(\dfrac{2\pi}{\lambda}x\right)$ 的符号相同,这表明波节之间各点同时沿相同方向到达各自最大位移处,又沿相同方向回到平衡位置处。可见,驻波中并没有振动相位的传播。

当驻波形成以后,介质上除了波节以外各点均在各自的平衡位置附近振动,它们同时到达最大位移处,然后又同时回到平衡位置。当质点到达最大位移处时,各质点的振动速度为零,动能就为零,但质点对应处的波形有不同程度的形变,距波节越近形变越大。所以此状态下,驻波的最大势能主要集中在波节附近。当各质点同时回到平衡位置时,此刻看到的波形就是一条直线,即波形的形变消失,势能为零,各质点的振动速度都达到各自最大,而波腹处的速度最大,所以,此时驻波具有最大的动能且主要集中在波腹附近。其他状态下,势能、动能是同时存在的。能量只是在波节和波腹之间进行动能和势能的转化。总之,在驻波中不断进行着波腹附近的动能和波节附近的势能的相互转换和转移,而没有能量的传播。

在图 5-25 所示的实验中,B 处是一个劈尖,因此 B 点是波节,说明反射波与入射波在反射点的相位正好相反,这相当于入射波在反射点反射时相位产生 π 的突变。即 $\Delta\varphi = \dfrac{2\pi}{\lambda}\delta = \pi$,由此可以推算出 $\delta = \dfrac{\lambda}{2}$,这就是说,入射波与反射波在反射点的相位差为 π 相当于入射波与反射波的波长在反射点相差半个波长。因此,把这种相位突变 π 的情形也称为半波损失。若 B 处是自由端,那么,B 处有可能成为波腹,则反射波与入射波在该处的相位相同,因此不会产生半波损失。当波从一种介质入射到另一种介质,并在两介质的交界面反射时,在交界面处(反射点)形成波节还是波腹是一个较为复杂的问题。一般情况下,它与介质及波在该介质中的波速有关,我们把两者乘积相对较小的介质称为波疏介质,两者乘积相对较大的介质称为波密介质。一般地,当 $n_1 < n_2$,折射率为 n_1 的介质称为波疏介质,折射率为 n_2 的介质称为波密介质。当波从波疏介质垂直入射到波密介质并在两介质的交界面反射时会发生半波损失,在反射点形成波节。

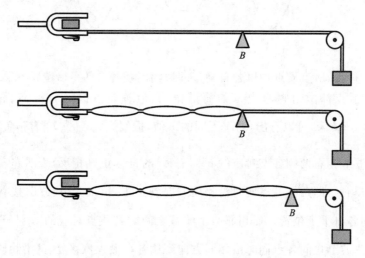

图 5-25

对于两端固定弦线上形成的驻波,弦线的长应是半波长的整数倍,即

$$L = n\frac{\lambda}{2}, \quad n = 1, 2, 3, \cdots \tag{5-54}$$

【**例 5-7**】 平面简谐波 t 时刻的波形如图 5-26 所示,此波波速为 u,沿 x 方向传播,振幅为 A,频率为 f。求:

(1) 以 D 为原点,写出波函数;

(2) 以 B 为反射点,且为波节,若以 B 为 x 轴坐标原点,写出入射波、反射波方程;

(3) 以 B 为反射点求合成波,并分析波节、波腹的位置坐标。

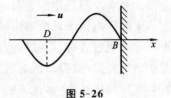

图 5-26

解 (1) 以 D 为原点,由旋转矢量法可得,D 的初相位为 π,根据波的传播方向可得波函数为

$$y = A\cos\left[2\pi f\left(t - \frac{x}{u}\right) + \pi\right]$$

(2) 若以 B 为原点,B 点的初相位为 $-\frac{\pi}{2}$,则入射波函数为

$$y_入 = A\cos\left[2\pi f\left(t - \frac{x}{u}\right) - \frac{\pi}{2}\right]$$

由题目条件可知,反射点 B 点为波节,说明波在反射时相位有 π 的突变,所以反射波函数为

$$y_反 = A\cos\left[2\pi f\left(t + \frac{x}{u}\right) + \frac{\pi}{2}\right]$$

(3) 根据波的叠加原理,则合成波的波函数为

$$y = y_入 + y_反 = 2A\cos\left(2\pi f\frac{x}{u} + \frac{\pi}{2}\right)\cos(2\pi ft) = -2A\sin\left(2\pi f\frac{x}{u}\right)\cos(2\pi ft)$$

波腹: $\left|-2A\sin\left(2\pi f\frac{x}{u}\right)\right| = 1$, $\quad 2\pi f\frac{x}{u} = \frac{2k+1}{2}\pi$

$$x = \frac{2k+1}{4}\frac{u}{f} = \frac{2k+1}{4}\lambda, \quad k = -1, -2, -3, \cdots$$

波节: $\left|-2A\sin\left(2\pi f\frac{x}{u}\right)\right| = 0$, $\quad 2\pi f\frac{x}{u} = k\pi$

$$x = \frac{k}{2}\frac{u}{f} = \frac{k}{2}\lambda, \quad k = 0, -1, -2, \cdots$$

5.7 多普勒效应

在前面的讨论中,我们主要考虑的是波源和观察者都静止在介质中的情况,因为在这种情况下,观察者接收到的波的频率与波源振动的频率相同。换句话说,如果波源和观察者中的一个或两者都相对介质在运动,那么观察者接收到的频率和波源振动的频率就不再相同,我们把这种现象称为多普勒效应。它是由奥地利物理学家多

普勒于 1842 年首次发现的。多普勒效应在我们日常生活中经常可以见到,当一列鸣笛的火车经过站在站台上的观察者时,观察者会听到火车汽笛声的音调由高变低,这是因为当火车靠近观察者时,汽笛发出的声波在空气中的传播使得波长变短,那么,在一定时间内传入耳朵的声波的频率增加,所以观察者会感受到音调变高。反之,当火车远离观察者时,声波的波长变长,频率减小,因此听起来会变得低沉。同样的,像救护车的警笛声、警车的警报声经过我们身边时也会有类似的感觉。接下来,以声波在空气中的传播为例,讨论三种情况下的多普勒效应。

5.7.1　波源相对于介质静止,观察者相对于介质运动

根据波长的定义,即声源完成一次全振动,会向外发出一个完整波长的波。频率表示的是单位时间内完成全振动的次数,所以波源的频率就等于单位时间波源发出的完整波的数目,而我们听到的声音音调的高低,是由我们接收到的频率决定的,即单位时间接收到的完整波的数目决定的。设波源静止于介质并在该介质中的传播速度为 u,波源的振动频率为 ν,波源发出的波的波长为 $\lambda = u/v$,若观察者以速率 v_0 向波源运动,这时观测者观测到的波速为 $u + v_0$,则单位时间内观测者所接收到的波的数目为 $(u + v_0)/\lambda$,观测的频率为

$$\nu' = \frac{u + v_0}{\lambda} = \nu\left(1 + \frac{v_0}{u}\right) \tag{5-55}$$

在单位时间内,观察者接收到的完整波的数目增加,也就是接收到的频率增大了。

若观察者以速率 v_0 远离波源运动,这时观测者观测到的波速为 $u - v_0$,则单位时间内观测者所接收到的波的数目为 $(u - v_0)/\lambda$,观测的频率 ν' 与波源频率 ν 的关系为

$$\nu' = \frac{u - v_0}{\lambda} = \nu\left(1 - \frac{v_0}{u}\right) \tag{5-56}$$

在单位时间内,观察者接收到的完整波的数目减少,即接收到的频率减小了。

由以上讨论可知,当波源静止而观察者运动时,观察者接收到的频率与波源频率不同,即发生了变化。当观察者面向波源运动时,单位时间内观察者接收到的波数增多了;当观察者远离波源运动时,接收频率低于波源频率。之所以能发生这种频率的变化,是因为波相对观察者的速度随观察者的运动发生了变化。

5.7.2　波源相对于介质运动,观察者相对于介质静止

波在介质中传播的波速由该介质的性质决定,与波源是否静止还是运动无关。假设观察者 A 静止,波源 S 向着观察者以速率 v_S 运动,波源每完成一次全振动后都会发出一个脉冲,即每经过一个周期波源就会发射一个脉冲。初始时刻,波源发起一个振动,经过一个周期该振动向前传播了一个波长 λ 的距离,与此同时,波源也前进

了 $v_S T$ 的距离。对于观察者 A 而言,此时他观测到的声波的波长 $\lambda' = \lambda - v_S T$,由于观察者相对于介质不动,所以观测者观测到的波速就是波在介质中的波速,于是观测者接收到的频率为

$$\nu' = \frac{u}{\lambda'} = \frac{u}{u - v_S}\nu \tag{5-57}$$

该频率高于波源频率。同理,当波源 S 背离观察者以速率 v_S 运动时,则他接收到的声波的波长 $\lambda' = \lambda + v_S T$,接收到的声波频率为

$$\nu' = \frac{u}{\lambda'} = \frac{u}{u + v_S}\nu \tag{5-58}$$

该频率低于波源频率。

由以上讨论可知,当波源运动而观察者静止时,观察者接收到的频率与波源频率不同,即也发生了变化。当波源面向观察者运动时,观察者接收到的频率高于波源频率;当波源背离观察者运动时,观察者接收到的频率低于波源频率。导致两种频率不同的原因是由于波源的运动使得波在介质中的波长发生了变化。

5.7.3　波源、观察者都相对于介质运动

通过前面的讨论可知,无论是观察者运动还是波源运动,观察者接收到的声波频率都要发生变化。假设观察者以速率 v_0 相对于介质运动,波源以速率 v_S 在介质中运动,这种情况可以把上面讨论的两种情形综合起来考虑。如果是波源运动,则会导致观察者测得的实际波长发生变化;如果是观察者运动,则会导致观察者单位时间内接收的完整波数目发生变化。所以,如果波源、观察者都运动,则会是两种效果的总和,即

$$\nu' = \frac{u \pm v_0}{u \pm v_S}\nu \tag{5-59}$$

式 (5-59) 中,当波源与观察者相向运动时,v_0、v_S 均取正号,相背运动时均取负号。

这一结论是波源和观察者在同一条直线上运动才成立。如果它们两者的运动方向不在同一直线上或不沿两者的连线,则上述结论中波源的速度 v_S 和观察者的速度 v_0 是沿两者连线方向的速度分量。设波源的速度方向与波源和观察者连线的夹角为 θ_1,观察者的速度方向与波源和观察者连线的夹角为 θ_2,则有

$$\nu' = \frac{u + v_0 \cos\theta_2}{u - v_S \cos\theta_1}\nu \tag{5-60}$$

总体来说,若波源与观察者相向运动(互相靠近),观察者接收到的频率高于波源频率;若波源与观察者相背运动(互相背离),观察者接收到的频率低于波源频率。多普勒效应是波动过程共有的特征,不仅机械波会发生,电磁波也有多普勒效应。目前,多普勒效应在天文学、医学、公共交通等方面有广泛的应用。例如,在天体物理学中利用电磁波的多普勒效应可以判断天体是靠近地球运动还是远离地球运动,以及

运动的速度。医学上利用超声波的多普勒效应可以检查心脏,了解血管内血流速度和血液流量,这对心血管疾病在诊断上提供了有价值的信息。另外,一些高速公路上安装有多普勒测速仪,测量过往车辆的速度,在测速的同时还能把车牌照拍下来,作为交警扣分罚款的依据。

【例 5-8】 (1)一辆汽车以 34 m/s 的速率在一条笔直的公路上行驶,它的喇叭发出的声音频率为 400 Hz,求站在公路边的观察者测得的这辆汽车喇叭声的频率。

(2)若汽车停在路边,观察者以 34 m/s 的速率在公路上运动,求此时观察者测得这辆汽车喇叭声的频率(设声波在空气中的传播速度为 340 m/s)。

解 (1)由题意可知,假设汽车迎着观察者运动,则观察者测得喇叭声的频率为

$$\nu' = \frac{u}{\lambda'} = \frac{u}{u - v_S}\nu = \frac{340}{340 - 34} \times 400 \text{ Hz} \approx 444 \text{ Hz}$$

假设汽车远离观察者运动,则观察者测得喇叭声的频率为

$$\nu' = \frac{u}{\lambda'} = \frac{u}{u + v_S}\nu = \frac{340}{340 + 34} \times 400 \text{ Hz} \approx 364 \text{ Hz}$$

(2)假设观察者靠近停在路边的汽车,这时观察者测得喇叭声的频率为

$$\nu' = \frac{u + v_0}{\lambda} = \nu\left(1 + \frac{v_0}{u}\right) = \left(1 + \frac{34}{340}\right) \times 400 \text{ Hz} = 440 \text{ Hz}$$

假设观察者背离停在路边的汽车,这时观察者测得喇叭声的频率为

$$\nu' = \frac{u - v_0}{\lambda} = \nu\left(1 - \frac{v_0}{u}\right) = \left(1 - \frac{34}{340}\right) \times 400 \text{ Hz} = 360 \text{ Hz}$$

通过例 5-8 可以看出,在波源与观察者的相对速度相同的条件下,无论是波源运动还是观察者运动均引起了观测频率的变化,但是其结果不同。

本 章 小 结

1. 机械波

(1) 机械波:机械振动在弹性媒质中的传播过程。

(2) 机械波的形成条件:波源、媒质。

(3) 波的传播特点:① 波动只是振动状态在媒质中的传播,是相位和能量的传播;② 波在传播的过程中各质元并不随波迁移,它们只是在各自的平衡位置附近振动;③ 离波源近一点的质点先振动,媒质中相邻质点间依次带动,即前一个质点带动后一个质点,由近向远依次振动起来,波动是媒质整体所表现出来的运动状态;④ 沿波的传播途径上各质点的振动周期、振幅均与波源的振动周期、振幅相同。

(4) 波的分类:横波(振动方向与传播方向垂直)波峰、波谷;固体中传播;纵波(振动方向与传播方向一致)波密、波疏;固、液、气中传播。

(5) 几个特征物理量:① 波长:相邻的振动状态完全相同的两个质点间的距离,

反映了波的空间周期性;② 频率:单位时间内振动的次数,波的频率由波源决定,媒质中各质点振动的频率都等于波源的频率,波在传播过程中,只要波源的频率一定,则不管在什么媒质中传播,波的频率都不变;③ 波速:振动在介质中的传播速度,也是能量的传播速度,但区别于质点的振动速度。波速由媒质的性质决定,不同的媒质波的传播速度不同;波速、波长、频率之间的关系为 $u=\lambda\nu$。

(6) 振动图像与波动图像的区别。

两者的联系:振动在媒质中的传播形成了波,两者都是位移随时间按正余弦规律周期性变化的曲线,纵坐标均表示振动位移,最大值表示质点的振幅。

	振 动 图 像	波 动 图 像
研究对象	一个振动的质点	所有振动的质点
研究内容	一个质点振动位移随时间的变化规律	某时刻所有质点振动位移随时间的变化
图像		
物理意义	一质点在各时刻的位移	某时刻所有质点的位移
图像信息	1. 质点振动的周期 2. 振幅 3. 质点在各时刻的位移 4. 某时刻速度、加速度的方向	1. 波长、振幅 2. 任一质点在某时刻的位移 3. 任一质点在某时刻的加速度 4. 根据波的传播方向判断各质点在该时刻的振动方向

(7) 波的表达式(标准形式)

$$y=A\cos\left[\omega\left(t\mp\frac{x}{u}\right)+\varphi_0\right]$$

$$y=A\cos\left[2\pi\left(\frac{t}{T}\mp\frac{x}{\lambda}\right)+\varphi_0\right]$$

$$y=A\cos\left[2\pi\left(\nu t\mp\frac{x}{\lambda}\right)+\varphi_0\right]$$

沿波的传播方向上(同一条波线上)任意两质点 x_1 和 x_2 振动的相位差为

$$\Delta\varphi=\frac{2\pi}{\lambda}(x_1-x_2)\quad \Delta\varphi<0,\quad x_2\text{ 比 }x_1\text{ 落后}$$

(8) 波函数的物理意义。

① 振动状态的空间周期性:

$$y(x+\lambda,t)=y(x,t)$$

② 波形传播的时间周期性:

$$y(x,t+T)=y(x,t)$$

③ x 给定,$y=y(t)$表示位置坐标为 x 处质点的振动方程。

④ t 给定,$y=y(x)$表示各质点在 t 时刻的波形图。

(9) 波的能量。

波在传播过程中,媒质中任一质元的动能和势能是同步变化的,与弹簧振子的振动能量变化规律不同。质点位于最大位移处时,动能和势能最小;位于平衡位置时,动能和势能最大。

2. 惠更斯原理

惠更斯原理:行进的波面上任一点都可看作是发射次波的波源,而此后任一时刻的波面都是由这些次波的波面在该时刻的包络面决定的。

惠更斯原理的应用:

(1) 根据某时刻的波形可求出下一时刻的波形;

(2) 解释波的衍射现象。

3. 波的干涉

(1) 波的独立性原理:几列波在空间传播时,无论相遇与否,都将保持原有的特性不变,并且仍能按照原来的方向继续向前传播。

(2) 波的叠加原理:两列波在相遇的重叠区域,任何一个质点同时参与两个振动,该质点的振动等于这两列波单独存在时分别引起的位移的矢量和。

(3) 波的干涉:满足相干条件的两列波相遇叠加,在其重叠的区域,某些地方振动加强,某些地方振动减弱。

相干条件:频率相同、振动方向相同、相位差恒定。

合振动方程:

$$y=y_1+y_2=A\cos(\omega t+\varphi)$$

合振幅:

$$A=\sqrt{A_1^2+A_1^2+2A_1A_2\cos\Delta\varphi}$$

相位差:

$$\Delta\varphi=\varphi_2-\varphi_1-2\pi\frac{r_2-r_1}{\lambda}$$

振动加强(干涉相长):当 $\Delta\varphi=\pm2k\pi$ 时,

$$A_{max}=A_1+A_2,\quad 波强\ I_{max}=I_1+I_2+2\sqrt{I_1I_2}$$

振动减弱(干涉相消):当 $\Delta\varphi=\pm(2k+1)\pi$ 时,

$$A_{min}=|A_1-A_2|,\quad 波强\ I_{min}=I_1+I_2-2\sqrt{I_1I_2}$$

4. 驻波

(1) 驻波：两列振幅相等、传播方向相反的相干波相遇叠加形成驻波。

(2) 驻波方程：

$$y = y_入 + y_反 = 2A\cos\left(\frac{2\pi}{\lambda}x\right)\cos(\omega t)$$

(3) 驻波的特征：

① 波腹：振幅最大的点的位置

$$x = \pm k\frac{\lambda}{2} \quad k = 0,1,2,\cdots$$

② 波节：始终不动的点的位置

$$x = (2k+1)\frac{\lambda}{4}, \quad k = 0,1,2,\cdots$$

③ 相邻波腹或相邻波节间的距离为 $\lambda/2$；相邻波腹与波节间的距离为 $\lambda/4$。

④ 所有波节点将媒质划分为长 $\lambda/2$ 的许多段，每段中各质点的振幅不同，但相位皆相同；而相邻段间各质点的振动相位相反，即驻波中不存在相位的传播。

⑤ 没有能量的定向传播。能量只是在波节和波腹之间进行动能和势能的转化。

(4) 半波损失：当入射波从波疏媒质射向波密媒质时，反射波在反射点有半波损失，在反射点形成波节，表明入射波与反射波在该点相位正好相反，相当于入射波与反射波之间附加了半个波长的波程差，即

$$\varphi_反|_{反射点} = \varphi_入|_{反射点} + \pi$$

(5) 两端固定弦线的长：

$$L = n\frac{\lambda}{2}, \quad n = 1,2,3,\cdots$$

思　考　题

5.1 振动和波动有什么相同之处和不同之处？振动表达式和波动方程的物理含义是什么？两者有什么不同？

5.2 当波在介质中传播时，描述其波动特征的波长、频率、波速，哪个物理量不变？

5.3 质点的振动速度与波的传播速度两者相等吗？若不相等，两者之间满足什么样的数学关系？振动速度由什么因素决定？传播速度由什么因素决定？

5.4 驻波是怎样形成的？它与行波之间的区别是什么？

5.5 两列波相遇叠加后产生干涉现象，这两列波需满足什么条件？哪些区域会出现干涉相长？哪些区域会出现干涉相消？

5.6 当波从一种介质进入另一种介质，并在两介质的交界面处反射时产生了半

波损失,则反射点处为波节还是波腹? 入射波与反射波在交界处的相位存在什么关系?

练 习 题

5.1 频率为 100 Hz、传播速度为 300 m/s 的平面简谐波,波线上两点振动的相位差为 π/3,则此两点相距(　　)。

A. 2 m　　　　B. 2.19 m　　　　C. 0.5 m　　　　D. 28.6 m

5.2 一角频率为 ω 的简谐波沿 x 轴的正方向传播,$t=0$ 时刻的波形如图 5-27 所示,则 $t=0$ 时刻,x 轴上各质点的振动速度 v 与坐标 x 的关系图应为(　　)。

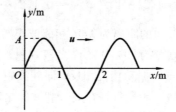

图 5-27

A. 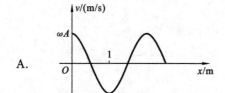　B.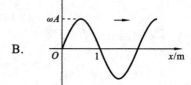

C. 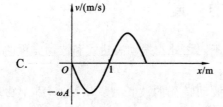　D.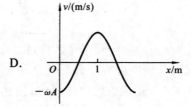

5.3 一平面简谐波沿 x 轴负方向传播,已知 $x=x_0$ 处质点的振动方程为 $y=A\cos(\omega t+\varphi_0)$,若波速为 u,则此波的波动方程为(　　)。

A. $y=A\cos\{\omega[t-(x_0-x)/u]+\varphi_0\}$

B. $y=A\cos\{\omega[t-(x-x_0)/u]+\varphi_0\}$

C. $y=A\cos\{\omega t-[(x_0-x)/u]+\varphi_0\}$

D. $y=A\cos\{\omega t-[(x-x_0)/u]+\varphi_0\}$

5.4 一平面简谐波在弹性媒质中传播,某一瞬间,媒质中某一质元正处于平衡位置,此时它的能量( )。

A. 动能为零,势能最大   B. 动能为零,势能为零

C. 动能最大,势能最大   D. 动能最大,势能为零

5.5 一平面简谐波在弹性媒质中传播,媒质质元从最大位移处回到平衡位置的过程中( )。

A. 它的势能转化成动能   B. 它的动能转化成势能

C. 它从相邻的一段媒质质元中获得能量,使其能量逐渐增加

D. 它把自己的能量传给相邻的一段媒质质元,使其能量逐渐减小

5.6 弦线上有一简谐波,其表达式为 $y=0.02\cos[2\pi(t/0.02-x/20)+\pi/3]$,为了在此弦线上形成驻波,并在反射处 $x=0$ 形成波节,此弦线上应该还有一简谐波,其表达式为( )。

A. $y=0.02\cos[2\pi(t/0.02+x/20)+\pi/3]$

B. $y=0.02\cos[2\pi(t/0.02+x/20)+2\pi/3]$

C. $y=0.02\cos[2\pi(t/0.02+x/20)+4\pi/3]$

D. $y=0.02\cos[2\pi(t/0.02+x/20)-\pi/3]$

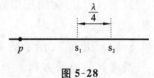

图 5-28

5.7 如图 5-28 所示,两相干波源 s_1 和 s_2 相距 $\lambda/4$,s_1 的相位比 s_2 的相位超前 $\pi/2$,则在 s_1 和 s_2 的连线上,s_1 外侧 p 点简波引起简谐振动的相位差为( )。

A. 0   B. π C. $\pi/2$ D. $3\pi/2$

5.8 传播速度为 100 m/s,频率为 50 Hz 的平面简谐波,在波线上相距为 0.5 m 的两点之间的相位差为( )。

A. $\pi/3$ B. $\pi/6$ C. $\pi/2$ D. $\pi/4$

5.9 下列平面简谐波的波函数中,哪一个是相干波的波函数?( )

A. $y_1=A\cos\dfrac{\pi}{4}(x-20t)$ B. $y_2=A\cos 2\pi(x-5t)$

C. $y_2=A\cos 2\pi\left(2.5t-\dfrac{x}{8}+0.2\right)$ D. $y_1=A\cos\dfrac{\pi}{6}(x-240t)$

5.10 一平面简谐波,波速 $u=5$ m/s,$t=3$ s 时的波形曲线如图 5-29 所示,则 $x=0$ 处的振动方程为( )。

A. $y=0.02\cos\left(\dfrac{\pi}{2}t-\dfrac{\pi}{2}\right)$ B. $y=0.02\cos(\pi t+\pi)$

C. $y=0.02\cos\left(\dfrac{\pi}{2}t+\dfrac{\pi}{2}\right)$ D. $y=0.02\cos\left(\pi t-\dfrac{3\pi}{2}\right)$

5.11 已知波源在原点的平面简谐波波动方程为 $y=A\cos(bt-cx)$,A、b、c 均为常量。试求:(1)振幅、频率、波速、波长;

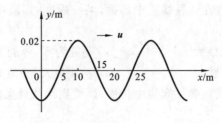

图 5-29

(2) 写出在传播方向上距波源 l 处一点的振动方程式。

5.12 一列余弦横波以速度 u 沿 x 轴正方向传播，t 时刻波形曲线如图 5-30 所示，试分别指出图中 A、B、C 各质点在该时刻的运动方向。

5.13 已知一平面简谐波沿 x 轴正方向传播，振动周期 $T=0.5$ s，波长 $\lambda=10$ m，振幅 $A=0.1$ m，初始时刻波源振动的位移恰好为正的最大值，若以波源为原点，

试求：(1) 沿波的传播方向上距波源 $\lambda/2$ 处质点的振动方程；

(2) 当 $t=T/2$ 时，$x=\lambda/4$ 处质点的振动速度。

5.14 图 5-31 所示的是一平面简谐波在初始时刻的波形，其波速为 0.08 m/s。

试求：(1) 波动方程；

(2) P 点的振动方程。

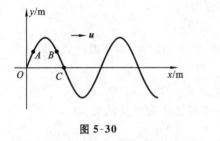

图 5-30　　　　　　　　　　　　　**图 5-31**

5.15 已知某质点做简谐振动，周期为 2 s，振幅为 0.06 m，$t=0$ 时刻质点恰好处在负的最大位移处，

试求：(1) 该质点的振动方程；

(2) 此振动如果以速度 $u=2$ m/s 沿 x 轴正方向传播时，形成的一维简谐波的波动方程；

(3) 该波的波长。

5.16 沿 x 轴正方向传播的平面简谐波的波函数为 $y=0.2\cos[\pi(2.5t-x)]$，试求此波的波长、周期、波速。

5.17 一列简谐波以 $u=0.8$ m/s 的速度沿 x 轴正方向传播，在 $x=0.1$ m 处，质元的振动方程为 $y=0.01\sin(4.0t+1.0)$，试求此平面简谐波的波函数。

5.18　某质点做简谐振动,周期为 2 s,振幅为 0.06 m,初始时刻,质点恰好处在负的最大位移处,

试求:(1) 质点的振动方程;

(2) 当该振动以 $u=2$ m/s 沿 x 轴正方向传播时,形成的一维简谐波函数;

(3) 此简谐波的波长。

第6章 气体动理论基础

　　古代人类就学会了取火和用火,只是后来才开始探究热、冷现象本质。18 世纪,人们对热的本质的研究走上了一条弯路,把热看成是一种不生不灭的流质,一个物体含有的热质多,就具有较高的温度。"热质说"在物理学史上统治了一百多年。虽然曾有一些科学家对这种错误理论产生过怀疑,但人们一直没有办法解决热和功的关系的问题,最终还是英国物理学家詹姆斯·普雷斯科特·焦耳为解决这一问题指明了道路。1843 年,焦耳设计了一个新实验:将一个小线圈绕在铁芯上,用电流计测量感生电流,把线圈放在装水的容器中,测量水温以计算热量。这个电路是完全封闭的,没有外界电源供电,水温的升高只是机械能转化为电能、电能又转化为热的结果,整个过程不存在热质的转移。这一实验结果完全否定了"热质说"。18 世纪 40 年代,俄国科学家罗蒙诺索夫明确提出了热是物质内部分子运动表现以及气体分子运动是无规则的重要思想。1850 年,鲁道夫·克劳修斯发表论文提出"热质说"及分子运动论不相容,"热质说"中提到的热质守恒可以用能量守恒取代,热可以等效为物质中粒子(如原子或分子)的动能,"热质说"成为历史,也开始了现代的热学研究。

　　生活和生产中的大量实践表明,当物体的冷热程度发生变化时,物体的大小、聚集状态、力学性质和电学性质等也将发生变化。例如,物体受热后体积膨胀、水冷却到一定程度会变成冰等,这些与物体冷热程度有关的物理性质及状态的变化,统称为热现象。研究热现象的理论统称为热学,它是物理学中的一个重要组成部分。我们知道,组成物体的分子、原子等微观粒子都在永不停息地做无规则的运动,这种运动称为热运动,热运动是物质基本运动形式之一。热现象就是组成物质的大量分子、原子等热运动的宏观表现。

　　热学包含两种不同的理论。从物质的微观结构出发,以分子、原子等微观粒子遵循的力学定律为基础,应用统计规律来研究热现象的规律,这样形成的理论称为统计物理或统计力学,构成热学的微观理论;不考虑物质的微观结构,通过观察和实验总结归纳,得出有关物质各种宏观性质之间的关系等关于热现象的规律,称之为热力学,构成热学的宏观理论。

　　热力学与统计物理学相辅相成,构成热学的理论基础,在现代工程技术问题中获得了越来越广泛的应用。

气体动理论属于统计物理学的组成部分,本章从分子运动的观点出发,以理想气体为研究对象,用统计的方法研究大量气体分子的宏观性质和热运动规律。

6.1　分子运动的基本概念

6.1.1　分子数密度和分子的线度

实验表明,宏观物体(气体、液体、固体等)都是由大量分子或者原子构成的。

任何物质每 1 mol 所含有的分子(或原子)数目均相同,这个数就是阿伏伽德罗常数,用符号 N_0 表示,其值为

$$N_0 = 6.022 \times 10^{23} \text{ mol}^{-1}$$

由此可见,气体、液体和固体内分子的数目是很多的。1 cm³ 的水中含有 3.3×10^{22} 个分子,这意味着即使 1 μm³ 的水中仍有 3.3×10^{10} 个分子,这个数字约是目前世界总人口的 5 倍多,由此可见分子数的巨大。

单位体积内的分子数称为分子数密度,用符号 n 表示。由实验可测得在通常温度和压强下,氮的 $n \approx 2.47 \times 10^{19}$ cm^{-3},水的 $n \approx 3.3 \times 10^{22}$ cm^{-3},铜的 $n \approx 7.3 \times 10^{22}$ cm^{-3}。

分子有单原子分子(如 He)、双原子分子(如 O_2)、多原子分子(如 CO_2、CH_4),甚至还有由千万个原子构成的高分子(如聚丙烯)。因此,不同结构的分子,其线度是不一样的。以氧气分子为例,在标准状态下,氧分子的直径约为 4×10^{-10} m。实验表明,在标准状态下,气体分子间的距离约为分子直径的 10 倍。因此,在标准状态下,每个氧分子占有的体积 V 约为氧分子本身体积的 1000 倍。也就是说,在标准状态下容器中的气体分子可以看成大小可略去不计的质点。当然,随着气体压强的增加,分子间的距离要变小。但是,在不太大的压强下,每个分子占有的体积仍比分子本身的大小要大得多。

6.1.2　分子力

众所周知,物质是由彼此不连续的分子组成的,分子之间存在相互吸引力和相互排斥力。很多现象可以说明分子之间存在相互吸引力。例如,液体或固体中的分子变为蒸汽分子时需要吸收汽化热或升华热,这是因为汽化时分子需要克服分子之间的吸引力做功的缘故。若分子之间仅有相互吸引力,则分子会无限靠近而受到压缩,最后将压缩为一个几何点,然而,固体和液体能保持一定的体积而很难压缩,这说明分子间不仅有吸引力,还存在排斥力。

分子之间相互作用的引力和斥力统称为分子力。关于分子力的理论研究表明,当 $r < 2 \times 10^{-10}$ m 时,斥力占优势;当 2×10^{-10} m $< r < 2 \times 10^{-8}$ m 时,引力占优势;当

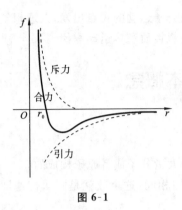

图 6-1

$r>10^{-8}$ m 时,分子间的作用力十分微弱,可忽略不计。

图 6-1 给出了分子力的基本特征,横轴上半部的虚线为斥力曲线。由图可知,当 $r<r_0$ 时,分子力表现为斥力,当 $r>r_0$ 时,分子力表现为引力,其中 r_0 称为平衡距离,r_0 的数量级约为 10^{-10} m,与分子直径相当。图中下半部的虚线为引力曲线,实线为合力曲线。由此可见,分子力 F 作用的范围极小,属于短程力。现在已经清楚,分子间的引力主要来自于分子之间的静电吸引作用,斥力主要来源于分子之间同类电荷(电子与电子或原子核与原子核)的排斥作用。

6.1.3　分子的热运动特征及统计规律

大量的实验证明:一切宏观物体都是由大量分子组成的,分子之间还存在着相互作用力;同时,这些分子都在不停地做无规则的热运动。英国植物学家布朗 1827 年发现悬浮在液体上的花粉细小颗粒不断地做无规则的运动,后来还发现,就是悬浮在静止气体中的尘埃粒子也不停地做无规则的运动。为了纪念英国科学家布朗,人们将这种悬浮在液体或气体中的细小颗粒不断地做无规则的运动,统称为**布朗运动**。这种运动是由于大量分子不对称碰撞悬浮在流体中的颗粒而引起的,所以布朗运动是分子无规则的热运动的一种间接表现形式。

我们注意到,组成宏观物体的单个分子的热运动变化万端,很复杂。偶然性占主导地位,但对大量分子组成的整体来说,却表现出确定的规律,这种规律性来自大量偶然事件的集合,称为**统计规律性**。下面,我们以伽尔顿板实验为例来说明统计规律性。如图 6-2 所示,有一竖直平板上部钉有一排排等间隔的铁钉,下部用隔板隔成等宽的狭槽;板的顶部装有漏斗形的入口,小球可以通过此口落入狭槽内,这个装置称为**伽尔顿板**。实验时,从入口处投入一个小球,小球在下落过程中,多次与铁钉碰撞,最后落入哪个狭槽中,完全是随机偶然的,是无法预测的。如果把很多小球一次性地投入,可以发现:落入中间狭槽的小球较多,而两端狭槽中的小球则较少。重复多次实验,结果大致相似,出现小球有规律的分布。实验表明:小球落入哪个槽是偶然的,而其在各个槽的分布规律是确定的。

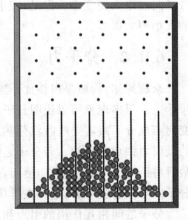

图 6-2

由于气体分子的数目巨大,其热运动中相互碰撞频繁。在通常的温度和压强下,实验测定一个分子在 1 s 内大约要经历10^9 次碰撞。可想而知,在如此频繁的碰撞下,分子运动的速度不断地变化,导致其能量不断地进行交换,从而使它们的平均速率相同,各处的温度、压强趋于相等,达到平衡状态。所以说,无序性是气体分子热运动的基本特性。从牛顿力学来看,虽然每个分子的运动都遵循牛顿定律,但是分子间的极其频繁而又无规则的碰撞导致其运动的无序性;使得它们在某一时刻位于容器的哪一位置、具有何速度,都有一定的偶然性。然而,大量分子的整体表现却是有规律的,比如在平衡态时,容器内各处的温度、压强和分子的密度都是均匀分布和相等的。下面通过简单的例子,讨论在平衡状态下,运用统计方法计算大量分子的速度投影、速度投影平方以及速率平方。

假设容器中有一定量的处于平衡态的气体,总分子个数为 N,为了讨论的方便,我们可以将所有气体分子分成若干组,并认为每组分子具有相同的速度,分别为 v_1,v_2,v_3,$\cdots$,所对应的分子个数分别为 ΔN_1,ΔN_2,ΔN_3,$\cdots$,很显然有 $N = \sum_i \Delta N_i = \Delta N_1 + \Delta N_2 + \cdots + \Delta N_i$,设速度 v_1,v_2,v_3,$\cdots$ 沿 x、y、z 三个坐标轴的投影分别是$(v_{1x}$,v_{1y},$v_{1z})$,$(v_{2x}$,v_{2y},$v_{2z})$,$(v_{3x}$,v_{3y},$v_{3z})$,$\cdots$,则所有分子的速度沿 x、y、z 三个坐标轴投影的统计平均值 $\bar{v}_x$,$\bar{v}_y$,$\bar{v}_z$ 可以定义为

$$\begin{cases} \bar{v}_x = \dfrac{\Delta N_1 v_{1x} + \Delta N_2 v_{2x} + \cdots + \Delta N_i v_{ix} + \cdots}{\Delta N_1 + \Delta N_2 + \cdots + \Delta N_i + \cdots} = \dfrac{\sum_i \Delta N_i v_{ix}}{N} \\[3mm] \bar{v}_y = \dfrac{\Delta N_1 v_{1y} + \Delta N_2 v_{2y} + \cdots + \Delta N_i v_{iy} + \cdots}{\Delta N_1 + \Delta N_2 + \cdots + \Delta N_i + \cdots} = \dfrac{\sum_i \Delta N_i v_{iy}}{N} \\[3mm] \bar{v}_z = \dfrac{\Delta N_1 v_{1z} + \Delta N_2 v_{2z} + \cdots + \Delta N_i v_{iz} + \cdots}{\Delta N_1 + \Delta N_2 + \cdots + \Delta N_i + \cdots} = \dfrac{\sum_i \Delta N_i v_{iz}}{N} \end{cases} \tag{6-1}$$

上式也可以写成

$$\bar{v}_j = \frac{\sum_i \Delta N_i v_{ij}}{N}, \quad j = x, y, z \tag{6-2}$$

当气体处于平衡状态时,气体分子沿各个方向运动的机会均等,所以有

$$\bar{v}_x = \bar{v}_y = \bar{v}_z = 0 \tag{6-3}$$

所有分子速率平方的统计平均值 $\overline{v^2}$ 可以写为

$$\overline{v^2} = \frac{\sum_i \Delta N_i v_i^2}{N} \tag{6-4}$$

因为 $v_i^2 = v_{ix}^2 + v_{iy}^2 + v_{iz}^2$,故有

$$\overline{v^2} = \frac{\sum_i \Delta N_i v_i^2}{N} = \frac{\sum_i \Delta N_i v_{ix}^2}{N} + \frac{\sum_i \Delta N_i v_{iy}^2}{N} + \frac{\sum_i \Delta N_i v_{iz}^2}{N}$$

$$= \overline{v_x^2} + \overline{v_y^2} + \overline{v_z^2} \tag{6-5}$$

考虑到气体处于平衡状态时,气体分子沿各个方向运动的机会均等,故有

$$\overline{v_x^2} = \overline{v_y^2} = \overline{v_z^2}$$

所以可以得到

$$\overline{v_x^2} = \overline{v_y^2} = \overline{v_z^2} = \frac{1}{3}\overline{v^2} \tag{6-6}$$

6.2　平衡态与理想气体的状态方程

6.2.1　平衡态与气体的状态参量

我们将研究的对象称为**热力学系统**,简称系统或者工质。系统是由大量分子组成,如气体、液体或固体。系统之外的一切物体或外界环境称为**外界**。与外界既无物质交换,也无能量交换的系统称为**孤立系统**,如理想的暖水瓶内部;与外界无物质交换,但有能量交换的系统称为**封闭系统**,如氧气瓶内部;与外界既有物质交换,又有能量交换的系统称为**开放系统**,如开盖的容器内部。气体是一种最简单的热力学系统,也是我们研究的主要对象。

系统的状态可以分为平衡态和非平衡态两种。对于热力学系统来说,平衡态是指在没有外界影响条件下,系统的各部分宏观性质在长时间里不发生变化的状态。这里所说的没有外界影响,是指系统与外界没有相互作用,既无物质交换,又无能量传递(做功和传热),即系统是孤立系统。而在现实生活中,绝对孤立的系统是不存在的,也没有保持宏观性质绝对不变的系统,所以平衡态只是一个理想化概念。在实际问题中,只要系统状态的变化很小,小到可以忽略的程度时,就可以把系统状态近似看成平衡态,所以平衡态可以视为是在一定条件下对实际情况的抽象和概括。从微观上看,由于组成系统的分子不停地在进行无规则的热运动,微观量随时间作迅速的变化,保持不变的只是相应微观量的统计平均值,所以,热力学平衡态是一种动态平衡,称为热动平衡。而如果系统的宏观性质不断地随时间发生变化,则系统所处的状态就称为非平衡态。

对于一定质量的气体所组成的热力学系统,其状态可以用一些具体的参量进行描述。状态参量指的就是描述系统平衡态的变量。就刚才提到的平衡态来说,热力学系统的热动平衡,一般情况下包括热平衡、力学平衡和化学平衡三种平衡。三种平衡中任何一种平衡被破坏,都有可能引起总的系统平衡态的破坏,使系统处于非平衡状态。由此可见,只有当系统处于平衡态时,热力学系统的状态参量才有确定的数值和意义。

对于热力学系统的平衡态,一般可用压强、温度、体积来描述,所以常把这三个物

理量称为气体的状态参量。气体的压强 p，是指气体作用在单位面积容器壁上的垂直作用力，它是气体中大量分子对器壁碰撞而产生的宏观效果。压强的单位为 N/m²（牛顿/米²），用 Pa 表示，称为帕斯卡或者帕；也可以用标准大气压 atm 表示：1 atm＝1.01325×10⁵ Pa。

温度是表示物体冷热程度的物理量，微观上与物体内部大量分子热运动的剧烈程度密切相关。我们知道，当冷热程度不同的物体相互接触时，最后将趋于冷热程度一致的热平衡状态，表现出具有相同的温度。据此人们可以利用某些物质具有的与冷热状态有关并且易于测量的某一特性（如水银柱的长度）制成温度计，将温度计与待测物体接触，待它们达到热平衡后，观测其测温特性的指示（如水银柱的高度），就可以测定物体的温度。温度的数值表示法称为温标，即温度的"标尺"，它规定了温度的读数起点（零点）和测量温度的基本单位。目前国际上用得较多的温标有热力学温标、摄氏温标和华氏温标等，这里我们简要介绍前两种。热力学温标 T，将水的三相点温度（固、液、气三态共存时达到平衡的温度）的 1/273.16 定为 1 K，以绝对零度作为计算起点，单位是开尔文（K），简称开。另一种摄氏温标 t，我们日常使用较多，单位是℃。摄氏温标与热力学温标的换算关系规定为

$$T＝t＋273.15$$

气体的体积 V，指的就是容纳气体的容器的容积。因为气体没有固定的形态，所以气体分子由于热运动可以到达整个容器所占有的空间，很明显气体的体积会随着装气体的容器的体积变化而变化。需要指出的是，气体的体积不等同于气体中分子本身体积的总和。

6.2.2　准静态过程

当热力学系统处在平衡态时，如果不受外界影响，系统的各个状态参量都将保持不变。但是，如果系统与外界发生了相互作用（做功、传热），平衡态就会遭到破坏而发生状态的变化。当热力学系统的状态随时间变化时，我们就说系统经历了一个热力学过程。热力学过程是由一系列的状态组成的。由平衡态的性质可知，过程的发生，意味着系统平衡态的破坏。所以，在过程进行的每一瞬间，系统的状态严格地说都不是平衡态。过程进行时原来的平衡态被破坏后需要经过一段时间才能达到新的平衡态，系统由非平衡态达到平衡态所需要的时间称为弛豫时间。这个由非平衡态过渡到平衡态的过程称为弛豫过程。弛豫时间的长短有赖于弛豫过程的类别（如压强趋于均匀的弛豫时间就比温度趋于均匀的弛豫时间短）和系统的尺度（系统越大，弛豫时间越长）。

在通常情况下，如果过程进行得较快，即过程进行的时间小于弛豫时间以致系统在尚未达到新的平衡态时又发生了下一步的变化，则系统就要经历一系列非平衡态的中间状态，这种过程称为非准静态过程。例如，在图 6-3 所示的气体膨胀过程中，

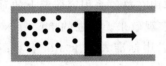

图 6-3

如果将活塞极其迅速地外拉,活塞附近气体的压强和远离活塞处的压强就会有差异,气体内便会出现压强的不均匀性,而且剧烈运动的气流和涡旋还会造成气体各部分温度的差异,致使原来的平衡态遭到破坏。由于过程不断迅速进行,新的平衡态难以建立,所以气体的迅速膨胀过程是一个非准静态过程。

在实际的热力学过程中,系统在过程中的每一时刻都处于非平衡态,如膨胀和压缩过程中密度和压强不均匀,加热过程中温度不均匀,等等。这给研究工作带来了困难,因为对于非平衡状态,系统内部各处性质不均匀,无法用有确定数值的状态参量进行描述,不便于进行准确的定量研究。为了解决这个问题,根据物理学上理想模型的研究方法,在热力学中提出一种称为准静态过程的理想过程来进行研究。所谓准静态过程就是在这个过程进行中的每一时刻,系统都处于平衡态。

在实际应用中,如果热力学过程进行得足够缓慢,使得系统经历的每一个中间状态都非常接近平衡态,这种情况下,就可近似地看成准静态过程。实际过程当然都是在有限的时间内进行,不可能是无限缓慢。但是在许多情况下可近似地把实际过程当作准静态过程来处理。只要系统在状态变化过程中发生一个可被观测出的微小变化的时间都比弛豫时间长,这种近似处理就能在一定程度上符合实际。所以在实际问题中,除了一些像爆炸等进行极快的过程外,大多数情况下都可以把实际过程看成是准静态过程。

准静态过程可以用 p-V 图上的一条曲线（过程曲线）来表示。如图 6-4 所示,点 $1(p_1,V_1,T_1)$ 和点 2 (p_2,V_2,T_2) 分别表示过程开始和结束时的平衡态,中间过程的每一个平衡态都可以用一个确定的点来表示,图中曲线则表示气体所经历的某一准静态过程。

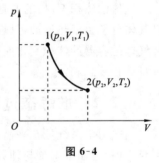

图 6-4

6.2.3　理想气体的微观模型

物体从液态加热到沸点时会迅速转变为气态,处于气态的物体称为气体。气体分子之间的平均距离比液体分子之间的平均距离要大得多,这种距离上的差异使得气体分子之间的相互作用力大大地削弱了。根据上述分子力的特征可见,对气体分子而言,由于气体分子之间的距离很大,分子力很小,因而气体分子可以近乎自由地运动了。气体分子运动的自由性不仅使得气体不会像晶体那样长时间地呈现远程有序,也不会像液体那样呈现近程有序,而是处于一个分子杂乱分布的状态。

为了更方便地进行研究,可以从已有实验事实中获得的知识出发,建立起研究对象——理想气体。理想气体作为一种最简单的热力学系统,也是我们早已熟知的概念,由于理想气体在一定范围内表达了各种真实气体共有的一些性质,它的微观模型实际上就是在压强不太大也不太低的条件下对真实气体进行理想化、抽象化的结果。那么从分子角度上讲,理想气体应满足什么条件呢?

　　理想气体的分子模型可追溯到 1846 年英国物理学家瓦特斯顿提出的"弹性球分子模型"。此后经过克劳修斯和克仑尼希等人的工作,逐渐形成如下完整的理想气体分子模型:

　　(1) 不考虑分子的内部结构并忽略其大小。分子间的平均距离很大,分子可以看作是质点。

　　(2) 由于分子力的作用距离很短,可以认为除碰撞瞬间外,分子之间的相互作用力可以忽略不计。所以在两次碰撞之间,分子的运动可以看作是直线运动。

　　(3) 分子在不停地运动着,且分子力是保守力,所以可以将分子之间及分子与器壁之间发生的频繁碰撞看成是完全弹性的。分子与器壁之间的碰撞只改变分子的运动方向,不会改变其速率。遵循经典力学规律,分子的动能不因与器壁的碰撞而有任何的改变。

　　按照这三条基本假设,从分子角度来看,理想气体可看成是一个质点系,是由大量不断做无规则运动的、不考虑本身体积的弹性小球组成的集合。虽然与实际气体有一定的差别,但是这一模型反映了一般条件(常温、常压)下气体的主要特征。在自然环境中,实际气体可以视为理想气体,这就使理想气体的研究具有广泛的应用价值。

6.2.4　理想气体状态方程

　　我们知道一定量的理想气体,三个气体状态参量的 p、V、T 之间满足关系式:

$$\frac{pV}{T} = C \tag{6-7}$$

其中,C 是常量,在温度不变的情况下,压强与体积的乘积为常数,得出玻意耳定律;在压强不变的情况下,得出盖-吕萨克定律;在体积不变的情况下,得出查理定律。为了方便推理和计算,我们可以将在任何情况下绝对遵守上述三条实验定律的气体称为理想气体,各种实际气体在压强不太大(与大气压相比)、温度不太低(与室温相比)时,均可以近似地看作理想气体。

　　我们把气体温度 $T_0 = 273.15$ K、$P_0 = 1$ atm 下的状态称为标准状态,其相应的体积为 V_0。实验结果表明,1 mol 的任何气体在标准状态下所占有的体积即摩尔体积均为 22.4 L,即 $V_{mol} = 22.4$ L。平衡状态时,假设某一种气体质量为 M,已知一个分子质量为 m,则 $M = Nm = \frac{N\mu}{N_0}$,其中 $\mu = N_0 m$ 为摩尔质量,$N_0 = 6.022 \times 10^{23}$ 个/mol,为阿伏伽德罗常数,则摩尔数 $\nu = \frac{M}{\mu} = \frac{N}{N_0}$。

在标准状态下,该气体占有的体积 $V_0 = \dfrac{M}{\mu} V_{mol}$,式(6-7)中的常量 C 为

$$C = \frac{p_0 V_0}{T_0} = \frac{M}{\mu} \frac{p_0 V_{mol}}{T_0} \tag{6-8}$$

令 $R = \dfrac{p_0 V_{mol}}{T_0}$,是与气体种类无关的常量,称为普适气体常量,计算可得

$$R = \frac{p_0 V_{mol}}{T_0} = \frac{1.013 \times 10^5 \times 22.4 \times 10^{-3}}{273.15} \ \text{J/(mol · K)} = 8.31 \ \text{J/(mol · K)} \tag{6-9}$$

则式(6-7)中的常量 C 可以写为

$$C = \frac{M}{\mu} R \tag{6-10}$$

将式(6-10)代入式(6-7),有

$$pV = \frac{M}{\mu} RT \tag{6-11}$$

式(6-11)称为理想气体的状态方程或者克拉珀龙方程,表明了理想气体的三个状态参量 p、V、T 三者之间的关系。

【例 6-1】 一柴油的汽缸容积为 $0.827 \times 10^{-3} \ \text{m}^3$。压缩前汽缸的空气温度为 320 K,压强为 $8.4 \times 10^4 \ \text{Pa}$,当活塞急速推进时可将空气压缩到原体积的 1/17,使压强增大到 $4.2 \times 10^6 \ \text{Pa}$。求这时空气的温度。

解 由 $\dfrac{p_1 V_1}{T_1} = \dfrac{p_2 V_2}{T_2}$ 可得

$$T_2 = \frac{p_2 V_2}{p_1 V_1} T_1$$

$$T_2 = \frac{4.2 \times 10^6}{8.4 \times 10^4} \times \frac{1}{17} \times 320 \ \text{K} = 941 \ \text{K}$$

T_2 大于柴油的燃点,若在这时将柴油喷入汽缸,柴油将立即燃烧,发生爆炸,推动活塞做功,这就是柴油机点火的原理。

【例 6-2】 一篮球在温度为 0 ℃时,打进空气,直到球内的压强为 1.5 个大气压。求:

(1) 球赛时,球温升到 30 ℃时,球内的压强为多大?

(2) 在球赛过程中,因球被刺破而漏气。问球赛结束后,篮球在温度为 0 ℃时,最终漏掉的空气是原有空气质量的百分之几?(不考虑篮球形变)

解 根据已知条件,应用理想气体的状态方程进行求解。

(1) 假设球内空气为理想气体,球体积为 V_0,在温度为 0 ℃时,球内的压强为 $p_0 = 1.5 \ \text{atm}$。球赛时,球温升到 30 ℃时,即 $T_1 = (273 + 30) \ \text{K} = 303 \ \text{K}$,$V_1 = V_0$。在球赛过程中,球内空气的质量和摩尔数都未变,所以满足理想气体状态方程:

$$\frac{p_0 V_0}{T_0} = \frac{p_1 V_1}{T_1} \quad \text{或} \quad pV = \frac{M}{\mu} RT$$

即

$$p_1 = \frac{p_0 T_1}{T_0} = \frac{1.5 \times 303}{273} \text{ atm} = 1.66 \text{ atm}$$

（2）球被刺破而漏气，最后球内压强和大气压强相等，则此时 $p_2 = 1.0$ atm，$T_2 = T_0 = 273$ K，$V_2 = V_0$，球内空气质量为

$$M_2 = \frac{\mu p_2 V_2}{RT_2} = \frac{\mu V_0}{RT_0} p_2$$

原质量为

$$M = \frac{\mu p_0 V_0}{RT_0} = \frac{\mu V_0}{RT_0} p_0$$

可得最终漏掉的空气与原有空气质量之比为

$$\frac{M - M_2}{M} = \frac{p_0 - p_2}{p_0} = \frac{1.5 - 1.0}{1.5} = 33.3\%$$

6.3　理想气体的压强公式

　　压强是一个可以测量的宏观量，将作用在单位截面 ΔS 上的法向应力称为压强。从分子运动的观点来看，由于构成气体的大量分子都在做无规则的热运动，所以它们会不断地与器壁碰撞，碰撞中将给器壁以冲力的作用。从微观角度看，分子碰撞器壁，器壁受到的冲力应该是断续的、变化不定的，但是从宏观角度看，由于分子数目巨大，气体作用在器壁上的冲力应该是持续的、不变的。因此对气体而言，气体压强是由于大量分子在与器壁碰撞中不断给器壁以力的作用所引起的，在数值上等于单位时间内所有气体分子与器壁碰撞时作用在单位器壁表面上的法向冲力。由于气体压强是大量分子对器壁碰撞的结果，因而要获得气体的压强，单用力学方法是不够的，还必须采用统计方法。

　　下面以理想气体微观模型为研究对象，运用牛顿定律，采取求平均值的统计方法来推导理想气体的压强公式。

　　设有一边长分别为 a_1、a_2、a_3 的长方体容器，如图 6-5 所示，设其体积为 V，其中贮有分子质量为 m 并处于平衡状态的一定量的某种理想气体（气体分子是全同的），分子总数为 N，则单位体积中的分子数即气体分子数密度 $n = N/V$。

　　当气体处于平衡态时，由于气体分子的大量性和运动的随机性使得器壁上各处的压强相等，所以我们只需求出器壁上任意一小面积所受的压强即可，这里我们计算与 x 轴垂直的壁面 A_1 上的压强，如图 6-5 所示。

　　先考虑单个分子 i 对器壁 A_1 面的碰撞。设分子 i 的速度为 v_i，在 x、y、z 三个方向上的速度分量分别为 v_{ix}、v_{iy}、v_{iz}。当分子 i 以 v_{ix} 的速度撞击器壁 A_1（完全弹性碰撞）时，沿 x 轴方向碰撞 1 次分子的动量改变为 $\Delta p_{ix} = -2mv_{ix}$。根据动量定理可知，

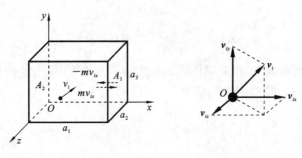

图 6-5

这一动量的改变等于 A_1 面作用在分子 i 上的冲量,则分子 i 碰撞 1 次给 A_1 面的冲量为 $2mv_{ix}$。分子 i 对容器壁 A_1 碰撞的力是间歇的,不是连续的,就它沿 x 轴运动情况来看,它以 $-v_{ix}$ 从器壁 A_1 面弹回,飞向 A_2,并与面 A_2 碰撞,又以 v_{ix} 回到 A_1 面再做碰撞。分子 i 与 A_1 两次碰撞,在 x 轴方向所移动的距离是 $2a_1$,所需的时间为 $2a_1/v_{ix}$,则单位时间内分子 i 与容器壁 A_1 相碰撞的次数为 $\dfrac{v_{ix}}{2a_1}$,因为每碰撞一次,分子 i 作用在 A_1 面上的冲量为 $2mv_{ix}$,所以在单位时间内,分子 i 作用在 A_1 面上的冲量总值也就是作用在 A_1 面上的力大小为

$$I_i = F_i = 2mv_{ix}\left(\frac{v_{ix}}{2a_1}\right) = \frac{mv_{ix}^2}{a_1} \tag{6-12}$$

上面只考虑了一个分子 i 对器壁 A_1 的作用。但是容器内的每一个分子对 A_1 面都可能发生碰撞,从而使器壁受到一个连续而均匀的压强,正如密集的雨点打到雨伞上使我们感受到一个均匀的作用力一样。器壁 A_1 面受到的平均力的大小,应该等于单位时间内所有分子与 A_1 面碰撞时所作用的冲量的总和,即

$$\overline{F} = \sum_{i=1}^{N} 2mv_{ix}\frac{v_{ix}}{2a_1} = \frac{m}{a_1}\sum_{i=1}^{N} v_{ix}^2 \tag{6-13}$$

式中:v_{ix} 表示分子 i 在 x 方向上的速度分量。

根据压强的定义可知,A_1 面的压强为

$$p = \frac{\overline{F}}{a_2 a_3} = \frac{m}{a_1 a_2 a_3}\sum_{i=1}^{N} v_{ix}^2 = \frac{mN}{a_1 a_2 a_3}\left(\frac{v_{1x}^2 + v_{2x}^2 + \cdots + v_{Nx}^2}{N}\right) \tag{6-14}$$

如果以 $\overline{v_x^2}$ 表示所有分子在 x 方向上的速度平方的平均值,则

$$\overline{v_x^2} = \frac{v_{1x}^2 + v_{2x}^2 + \cdots + v_{Nx}^2}{N} \tag{6-15}$$

因为容器的体积 $V = a_1 a_2 a_2$,$n = \dfrac{N}{V}$ 为气体分子数密度,故式(6-14)就可写为

$$p = nm\overline{v_x^2} \tag{6-16}$$

由于气体处于平衡态,可以认为分子沿各个方向的概率是相等的,也就是说在平

衡态下气体分子热运动表现出各向同性。根据式(6-5)与式(6-6)可知,

$$v^2 = v_x^2 + v_y^2 + v_z^2, \quad \overline{v_x^2} = \overline{v_y^2} = \overline{v_z^2} = \frac{1}{3}\overline{v^2}$$

所以式(6-16)又可以写为

$$p = \frac{1}{3}nm\overline{v^2} \tag{6-17}$$

式(6-17)称为理想气体的压强公式。

由压强公式的推出过程可以看到,压强这一气体的宏观性质是由大量分子对容器器壁的碰撞产生的。因此,压强是大量分子的集体行为,若说个别分子对器壁产生多大的压强,是毫无意义的,压强是一个统计量。应当指出,上述压强公式虽然是由矩形容器推出的,但可以证明,对于任何形状的容器该式都是正确的,并且分子之间的碰撞也不影响公式的成立。

如果将 $\overline{\varepsilon} = \frac{1}{2}m\overline{v^2}$ 称为分子的平均平动动能,表征了分子运动的剧烈程度,则式(6-17)就可写为

$$p = \frac{2}{3}n\overline{\varepsilon} \tag{6-18}$$

这个关系表明,理想气体作用于器壁的压强正比于分子数的密度 n 和分子的平均平动动能,分子数越多,分子运动越剧烈,压强就越大。

理想气体压强公式是气体动理论的基本公式之一。它把宏观量压强 p 与微观量分子平动动能 $\overline{\varepsilon}$ 联系起来,从而揭示了压强的微观本质和统计意义。

【例 6-3】 氢分子的质量 $\mu = 3.32 \times 10^{-27}$ kg,如果其分子束每秒内有 $N = 1.0 \times 10^{23}$ 个氢分子沿与器壁成 45°的方向,以 $v = 10^5$ cm/s 的速率撞击在面积为 2.0 cm² 的器壁上。试求该分子束对器壁所产生的压强。

解 依据压强公式的推导方法(质点力学原理),已知 N、μ 和 V,则在 Δt 时间内与器壁撞击的分子数为 $N\Delta t$,它们碰撞前后的动量在壁面法线(x 轴)方向上的(投影)分量为

碰撞前
$$P_1 = \sum_i \mu_i v_{ix} = -N\mu\Delta tv\cos 45°$$

碰撞后
$$P_2 = \sum_i \mu_i v_{ix} = N\mu\Delta tv\cos 45°$$

由动量定理:

$$F_x\Delta t = P_2 - P_1 = 2N\mu\Delta tv\cos 45°$$

$$p = \frac{F}{S} = \frac{2N\mu v\cos 45°}{S} = \frac{2 \times 1.0 \times 10^{23} \times 3.32 \times 10^{-27} \times 10^3 \times 0.707}{2.0 \times 10^{-4}} \text{ Pa}$$

$$= 2.35 \times 10^3 \text{ Pa}$$

6.4　理想气体的温度

　　根据理想气体状态方程以及压强公式,可以得到理想气体的温度和分子平均平动动能之间的关系,从而阐明温度这一宏观量的微观本质。

　　设体积为 V 的容器中,有质量为 M 的理想气体,包含有 N 个分子,设气体分子质量为 m,阿伏伽德罗常数为 N_0,则 $M=Nm$,气体的摩尔质量 $\mu=N_0 m$。将 $M=Nm$,$\mu=N_0 m$ 代入理想气体状态方程

$$pV=\frac{M}{\mu}RT$$

可得

$$pV=\frac{N}{N_0}RT \tag{6-19}$$

式中:R 为摩尔气体常量。

　　由式(6-19)可得

$$p=\frac{N}{V}\frac{R}{N_0}T \tag{6-20}$$

　　令 $k=\dfrac{R}{N_0}=\dfrac{8.31}{6.02\times10^{23}}$ J/K$=1.38\times10^{-23}$ J/K,称为玻尔兹曼常数;$n=\dfrac{N}{V}$ 为气体分子数密度,故式(6-20)可以简化为

$$p=nkT \tag{6-21}$$

　　将理想气体的压强公式(6-18)代入式(6-21)可得

$$\bar{\varepsilon}=\frac{3}{2}kT \tag{6-22}$$

也可以写为

$$T=\frac{2\bar{\varepsilon}}{3k} \tag{6-23}$$

　　式(6-22)称为平衡态下理想气体的温度公式,表明气体的温度仅与气体分子的平均平动动能有关系,而与气体的性质无关。

　　式(6-22)的推论虽说简单,但其意义很大,它揭示了微观量 $\bar{\varepsilon}$ 的统计平均值与宏观量 T 之间的关系。如果两种气体分别处于各自的平衡态,并且两者的温度相等时,那么两种气体分子的平均平动动能也必然相等。由于 k 为常量,$\bar{\varepsilon}\propto T$,由此可知,温度是大量分子平均平动动能的量度,温度越高,表明物体内部分子热运动越剧烈。显然,温度是大量分子的宏观性质,对少数分子,温度是没有意义的。

　　【例 6-4】　求 $T=300$ K,$p=1.013\times10^5$ Pa 时,1 m³ 内的气体分子平均平动动能的总和是多少?

解　因为 1 m³ 内的气体分子数为分子数密度 n，由理想气体状态方法，可得

$$p=nkT, \quad n=\frac{p}{kT}=\frac{1.013\times10^5}{1.38\times10^{-23}\times300}/\text{m}^3=2.45\times10^{25}/\text{m}^3$$

又因为分子平均平动动能

$$\bar{\varepsilon}=\frac{3}{2}kT=\frac{3}{2}\times1.38\times10^{-23}\times300\ \text{J}=6.21\times10^{-21}\ \text{J}$$

所以 1 m³ 内的气体分子平均平动动能的总和是

$$E=n\bar{\varepsilon}=2.45\times10^{25}\times6.21\times10^{-21}\ \text{J}=1.52\times10^5\ \text{J}$$

【例 6-5】　假设太阳是一个由氢原子组成的密度均匀的理想气体系统，若已知太阳中心的压强为 1.35×10^{14} Pa，太阳的质量为 $M=1.99\times10^{30}$ kg，半径为 6.96×10^8 m，氢原子的质量为 $m_H=1.67\times10^{-27}$ kg。试估算太阳中心的温度。

解　先求系统分子数密度

$$n=\frac{N}{V}=\frac{M/m_H}{4\pi R^3/3}=\frac{3M}{4\pi m_H R^3}$$

将其代入

$$p=nkT$$

$$T=\frac{p}{nk}=\frac{4\pi m_H R^3 p}{3Mk}=\frac{4\pi\times1.67\times10^{-27}\times(6.96\times10^8)^3\times1.35\times10^{14}}{3\times1.99\times10^{30}\times1.38\times10^{-23}}\ \text{K}$$

$$=1.15\times10^7\ \text{K}$$

说明：实际上，太阳的结构并非本题中所设想的理想化模型。因此，估算所得太阳的温度与实际的温度相差较大。不过，此温度是足够维持稳定的热核反应的温度。

6.5　能量按自由度均分定理与理想气体的内能

如前面所述，理想气体模型中气体分子可以看作为质点，所以在讨论分子热运动时只考虑了分子的平动，实际上各种分子都有一定的大小和复杂的内部结构。例如，氩气（Ar）、氖气（Ne）等为单原子分子气体；氢气（H_2）、氧气（O_2）和氮气（N_2）等为双原子分子气体；水分子（H_2O）、甲烷（CH_4）等为多原子分子气体。气体分子运动不仅有平动，还可能有转动及其内部各原子间的振动，而气体分子的热运动能量也应该把这些运动形式的能量包括在内。因此，为了研究分子热运动能量所遵守的规律，需要引入运动自由度的概念。

6.5.1　气体分子的自由度

通常把描述一个物体空间位置所需的独立坐标数目称为该物体的自由度，用符号 i 表示。如果一个在空间中自由运动的质点，确定其位置需要用 3 个独立坐标（如 x、y、z），那么这个质点具有 3 个自由度（$i=3$）。对于被限制在平面或者曲面上运动

的质点,则它的位置只需要用两个独立坐标来决定,所以可以说它有 2 个自由度($i=$
2)。同理,对于被限制在直线或者曲线上运动的质点则只有一个自由度($i=1$)。

对于刚体,除了平动外还有转动. 一般来说,刚体的运动可看作质心的平动及绕
通过质心轴的转动的叠加,因此确定刚体的空间位置需要的坐标数目应该从以下三
个方面来计算。首先用 3 个独立坐标 x、y、z 来决定其质心的位置;其次需要用 3 个
方向角(如 α、β、γ)决定过质心轴的方位,但 3 个方向角满足关系式 $\cos^2\alpha + \cos^2\beta +$
$\cos^2\gamma = 1$,所以 α、β、γ 三者中只有 2 个是独立的;最后还需要用 1 个独立坐标(如 φ)
来决定刚体相对于某一起始位置转过的角度。可见自由刚体共具有 6 个自由度,包
括 3 个平动自由度和 3 个转动自由度,不过当刚体受到某些限制条件时,自由度数就
会减少。

根据上述概念可以确定气体分子的自由度数,如像氦、氖、氩等单原子分子气体,
如图 6-6(a)所示,由于可以被看作为自由运动的质点,所以具有 3 个自由度;像氧
气、氢气、氮气、一氧化氮等双原子分子气体,分子结构如图 6-6(b)所示,两个原子靠
一键联结,可以看成两个保持一定距离的质点,类似于哑铃,如果联结键看成是刚性
的,则共有 5 个自由度,即 3 个平动自由度和 2 个转动自由度;对于刚性多原子分子
(包括三原子分子),只要各原子不是线性排列,就可以看作一个自由刚体,具有 6 个
自由度,包括 3 个平动自由度和 3 个转动自由度。在特殊情况下,如果双原子或者多
原子分子不能被看成刚性分子,则原子间的距离会因为振动而发生改变,这时除了考
虑平动和转动外,还应考虑内部原子的振动,应该有相应的振动自由度,不过在常温
下,通常将分子看成刚性分子,不考虑振动自由度。

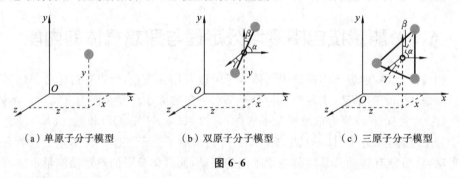

(a) 单原子分子模型　　　　(b) 双原子分子模型　　　　(c) 三原子分子模型

图 6-6

6.5.2　能量按自由度均分定理

经过前面的研究,我们可以得到一个分子的平均平动动能为 $\overline{\varepsilon} = \dfrac{1}{2}m\overline{v^2} = \dfrac{3}{2}kT$,
根据所述理想气体具有 3 个平动自由度,则相应的平均平动动能可以表示为

$$\frac{1}{2}m\overline{v_x^2} + \frac{1}{2}m\overline{v_y^2} + \frac{1}{2}m\overline{v_z^2} = \frac{1}{2}m\overline{v^2} \tag{6-24}$$

考虑到在平衡态下,气体分子沿各个方向运动的机会相等,故有 $\overline{v_x^2} = \overline{v_y^2} = \overline{v_z^2} = \frac{1}{3}\overline{v^2}$,因此可以得到

$$\frac{1}{2}m\overline{v_x^2} = \frac{1}{2}m\overline{v_y^2} = \frac{1}{2}m\overline{v_z^2} = \frac{1}{3}\left(\frac{1}{2}m\overline{v^2}\right) = \frac{1}{2}kT \tag{6-25}$$

这个结果表明,在平衡状态下,理想气体分子的每一个平动自由度都具有相同的平均动能,其大小都等于 $\frac{1}{2}kT$。也就是说,分子平均平动动能均匀分配在每一个平动自由度上。对于分子的转动和振动,考虑到分子热运动的无规则性可知,任何一种运动都不比其他运动占有特殊的优越性,所以这个结论对转动和振动自由度来说也是成立的。因此,对于温度为 T 并处于平衡态下的理想气体分子来说,不论做何种运动,对应于分子每个自由度的平均动能都应该是相等的,都等于 $\frac{1}{2}kT$,这就是能量按自由度均分定理。

能量均分定理的思想最早是由瓦特斯顿在 1845 年提出的,1860 年麦克斯韦在只考虑分子平动自由度的情况下提出了能量均分定理,1868 年玻尔兹曼将这种说法推广到了包括分子内部其他自由度的情况。它是经典统计物理学的一个重要结论,可以从普遍的统计理论推导出来,反映了分子热运动能量遵守的统计规律,是对大量分子统计平均的效果。应当指出的是,能量按自由度均分定理不仅对气体适用,对于液体和固体也同样适用。

6.5.3　理想气体的内能

在热力学中,常把系统与热现象有关的那部分能量称为内能。气体的内能通常指气体所有分子各种形式的动能,包括分子平动动能、转动动能、振动动能以及由气体的分子与分子之间引力相互作用决定的势能。对于理想气体来说,由于分子间的距离较大,忽略分子间相互作用力,所以也相应忽略了分子间的相互作用势能,故理想气体的内能只是所有分子各种形式动能和分子内原子之间振动势能的总和。而对于刚性分子(个别气体分子除外)组成的理想气体来说,由于不考虑原子间的振动,所以内能往往指的就是所有分子各种无规则热运动动能的总和。

若某种气体分子有 t 个平动自由度、r 个转动自由度,则根据能量按自由度均分定理可知,每一个分子的平均总动能为

$$\overline{\varepsilon} = \frac{1}{2}(t+r)kT = \frac{i}{2}kT \tag{6-26}$$

式中:$i = t+r$,为气体分子的自由度数。

1 mol 理想气体有 N_0 个分子,故 1 mol 理想气体的内能为

$$E = N_0\left(\frac{i}{2}kT\right) = \frac{i}{2}RT \tag{6-27}$$

而对于质量为 M,摩尔质量为 μ 的理想气体的内能是

$$E=\frac{M}{\mu}\frac{i}{2}RT=\nu\frac{i}{2}RT \tag{6-28}$$

式中:ν 表示摩尔数。由上可知,一定量的理想气体的内能与气体的体积和压强无关,而完全取决于分子自由度数 i 和气体的温度 T。对于给定气体来说,i 是确定的,所以其内能就只与温度有关,这也与宏观的实验观测结果完全一致。可以看出,一定质量的理想气体在不同的状态变化过程中,只要温度的变化量相等,其内能的变化量就相同,而与过程无关。

【例 6-6】 1 mol 氦气与 2 mol 氧气在室温下混合,试求当温度由 27 ℃ 升为 30 ℃ 时,该系统的内能增量。

解　由内能公式

$$E=\nu\frac{i}{2}RT$$

对氦气 $i=3$,对氧气 $i=5$,则内能为

$$E=\frac{3}{2}RT+2\times\frac{5}{2}RT=6.5RT$$

内能的增量为

$$\Delta E=6.5R\Delta T=6.5\times8.31\times3\ \text{J}=162\ \text{J}$$

6.6　麦克斯韦速率分布定律

我们知道,气体分子都在做无规则的热运动,由气体的微观图像可知,处于平衡态下的气体分子的运动是杂乱无章的,此外它们之间还存在着频繁的碰撞,使得每个分子的速度大小及方向不停地变化着。所以从微观角度看,气体中各个分子的速率及动能各不相同,但是从大量分子的整体来看,仍有可能找出一些关于分子速率的统计性规律。

6.6.1　分布的概念

由于气体中的大量分子在热运动中的运动速度大小及方向各不相同,所以当我们在研究气体分子的集体性质时,不需要详细了解每一个分子的运动情况,通常只要知道分子在各种运动状态中的分布情况就可以了。下面介绍分布的概念,这里以气体分子数按分子速率的分布为例进行说明。将气体分子所有可能的速率大小用 v_1,v_2,v_3,$\cdots$,v_i,$\cdots$ 分割为一系列的速率区间,每个区间间隔设定为 Δv,即 $\Delta v=v_{i+1}-v_i$,且认为 Δv 取值足够小,以至于可以认为每个速率区间 $v_i\sim v_{i+1}(v_i+\Delta v)$ 内的分子速度大小均为 v_i,而不用考虑其偏差。假设有一定量的气体,分子总数为 N,可以将速率值在 $v_1\sim v_2$,$v_2\sim v_3$,$\cdots$,$v_i\sim v_{i+1}$,$\cdots$ 等区间内的分子个数分别计为 ΔN_1,

$\Delta N_2, \cdots, \Delta N_i, \cdots$，对于处于平衡态的气体，其宏观状态不随时间变化，那么从微观上看，对于大量分子来说，任一瞬时速率值在各个速率区间内的分子个数 $\Delta N_1, \Delta N_2,$ $\cdots, \Delta N_i, \cdots$ 也应该是稳定的，这一组 ΔN_i 值就可以称为分子数按速率的分布，也就是说平衡态下气体中大量分子的速率有着稳定的分布。

6.6.2　麦克斯韦速率分布定律

根据上述分布的概念，对于一定量的气体，我们可以将分子所有可能的速率分成许多相同的区间，分子总数记为 N，其中速率分布在 $v \sim v + \Delta v$ 区间内分子个数为 ΔN，显然 $\Delta N/N$ 表示速率在 $v \sim v + \Delta v$ 区间内的分子数占总分子数的比率。一般来说，分布在不同的速率 v 附近相等的速率间隔 Δv 中，分子数是不同的，所以 $\Delta N/N$ 与 v 值有关，是速率 v 的函数。当 Δv 取值足够小时，v 用 $\mathrm{d}v$ 表示，ΔN 用 $\mathrm{d}N$ 表示，则速率分布在 $v \sim v + \Delta v$ 区间内的分子个数 $\mathrm{d}N$ 占总分子数的比率 $\mathrm{d}N/N$ 与间隔 $\mathrm{d}v$ 也成正比，此外还与 v 的某一函数 $f(v)$ 有关，故可以表示为

$$\frac{\mathrm{d}N}{N} = f(v)\mathrm{d}v \tag{6-29}$$

由式(6-29)可得

$$f(v) = \frac{\mathrm{d}N}{N\mathrm{d}v} \tag{6-30}$$

该函数称为速率分布函数，表示速率在 v 附近单位速率区间内的分子个数占总分子数的比率。如果求得与某一速率 v_1 对应的速率分布函数 $f(v_1)$ 的值较大，则说明分布在该速率附近单位速率区间内的分子数的占比较大，或者说分子速率分布在该速率附近单位速率区间内的概率较大，反之，较小。

早在 1859 年麦克斯韦就用概率论和统计力学导出了理想气体在平衡状态下的分子速率分布函数为

$$f(v) = 4\pi\left(\frac{m}{2\pi kT}\right)^{3/2} v^2 \mathrm{e}^{-mv^2/2kT} \tag{6-31}$$

式中：m 为分子质量；T 为气体温度；k 为玻尔兹曼常数。

由式(6-29)可知，对于处于平衡态下的一定量理想气体，分子热运动速率分布在 $v \sim v + \mathrm{d}v$ 区间内的分子个数占总分子个数的百分比为

$$\frac{\mathrm{d}N}{N} = f(v)\mathrm{d}v = 4\pi\left(\frac{m}{2\pi kT}\right)^{3/2} v^2 \mathrm{e}^{\frac{-mv^2}{2kT}} \mathrm{d}v \tag{6-32}$$

这个规律称为麦克斯韦速度分布定律。

由上可得，对于速率分布在任一区间 $v_1 \sim v_2$ 内的分子数占总分子数的比率用积分法可以求出

$$\frac{\Delta N}{N} = \int_{v_1}^{v_2} f(v)\mathrm{d}v \tag{6-33}$$

将式(6-33)对所有速率区间进行积分,就得到所有速率区间的分子数占总分子数比率的总和,显然等于1,即

$$\int_0^N \frac{dN}{N} = \int_0^\infty f(v)dv = 1 \tag{6-34}$$

式(6-34)称为速率分布函数的归一化条件。

应当指出的是,麦克斯韦速率分布定律只适用于处于平衡态下的大量分子系统,是经典物理中的一条很重要的规律。

6.6.3　麦克斯韦速率分布曲线

以 v 为横轴,$f(v)$ 为纵轴,根据式(6-31)画出的曲线称为麦克斯韦速率分布曲线,如图 6-7 所示,它反映了平衡态下气体分子数按速率分布的规律。下面就速率分布曲线作一些讨论。

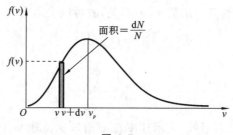

图 6-7

(1) 曲线由原点出发,随着速率的增大而上升到一个极大值,之后又随着速率的增大而不断下降,最终趋近于零。这表明气体分子速率可取大于零的一切可能的有限值。

(2) 图中 v_p 称为最概然速率,对应 $f(v)$ 极大值处。它的物理意义是:若把整个速率范围分成许多相等的小区间,则 v_p 所在的区间内的分子数占总分子数的百分比最大,或者说分子热运动的速率分布在 v_p 所在的区间的概率是最大的。

(3) 在任一速率 v 附近取 $v \sim v+dv$ 的速率区间(见图 6-7),与该速率区间对应的曲线下面的窄条矩形面积为 $\frac{dN}{N} = f(v)dv$,显然这个矩形面积表示的是速率分布在该区间内的分子数 dN 占总分子数 N 的比率,也可以说是分子速率分布在该速率区间内的概率。

(4) 速率分布曲线的形状与气体温度 T 和分子质量 m 有关。另外由于分布曲线下的总面积可以视为无穷多个窄条矩形面积的和,因而分布曲线下的总面积在数值上就等于速率分布在所有各个速率区间内的分子数占总分子数的比率之和,显然这一比率之和为 100%,即为 1,满足归一化条件。

6.6.4　分子速率的三种统计平均值

1. 最概然速率

在图 6-7 所示的麦克斯韦速率分布曲线中，$f(v)$ 的极大值处所对应的速率称为最概然速率，用 v_p 表示，其大小可以通过对 $f(v)$ 求极值得到。即令

$$\frac{\mathrm{d}f(v)}{\mathrm{d}v}\bigg|_{v_p}=0$$

得到

$$v_p=\sqrt{\frac{2kT}{m}}=\sqrt{\frac{2RT}{\mu}}\approx1.41\sqrt{\frac{RT}{\mu}} \tag{6-35}$$

式中：m 为分子的质量；$\mu=N_0m$ 为气体的摩尔质量。

式（6-35）表明，v_p 随温度的升高而增大，随 m 的增大而减小。图 6-8 给出了同一种气体在不同温度下的速率分布曲线，由于 $T_2>T_1$，故 $v_{p2}>v_{p1}$，这是因为当温度升高时，分子的热运动越剧烈，速率大的分子数增多，因此分布曲线的极大值会随温度升高而右移。T_2 曲线较平坦的原因是温度升高使得分子速率增大，而曲线下的总面积恒为 1，故曲线相应地变得平坦。

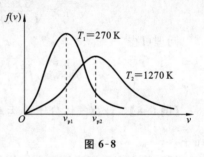

图 6-8

2. 平均速率

平均速率是描述分子运动状况的重要参量，它可以通过麦克斯韦速率分布函数来求得。按照平均速率的定义可知

$$\bar{v}=\frac{\sum_i \Delta N_i v_i}{N}$$

因为分子速率 v 认为是连续性分布，结合式（6-29），上式可以写为

$$\bar{v}=\int_0^\infty \frac{v\mathrm{d}N}{N}=\int_0^\infty vf(v)\mathrm{d}v$$

若将式（6-31）中的 $f(v)$ 代入，积分可得

$$\bar{v}=\sqrt{\frac{8kT}{\pi m}}=\sqrt{\frac{8RT}{\pi\mu}}\approx1.60\sqrt{\frac{RT}{\mu}} \tag{6-36}$$

3. 方均根速率

事实上，由麦克斯韦速率分布函数也可以很方便地得到方均根速率。所有分子速率平方的平均值再开方称为方均根速率，用 $\sqrt{\overline{v^2}}$ 表示。按照求平均速率的同样思路，速率平方的平均值可由下式计算：

$$\overline{v^2} = \int_0^\infty v^2 f(v) \mathrm{d}v$$

将式(6-31)中的 $f(v)$ 代入,积分可得

$$\sqrt{\overline{v^2}} = \sqrt{\frac{3kT}{m}} = \sqrt{\frac{3RT}{\mu}} \approx 1.73 \sqrt{\frac{RT}{\mu}} \tag{6-37}$$

以上三者都是在统计意义上说明大量分子的运动速率的典型值,都与 $\sqrt{T}$ 成正比,与 $\sqrt{m}$ 成反比,满足关系 $\sqrt{\overline{v^2}} > \overline{v} > v_p$,反映了大量分子热运动的统计规律。

【例 6-7】 试计算氦原子和氮分子在 20 ℃时的方均根速率。

解 由 $\sqrt{\overline{v^2}} = \sqrt{\frac{3RT}{\mu}}$,可得

$$\sqrt{\overline{v_{He}^2}} = \sqrt{\frac{3 \times 8.31 \times 293}{4.0 \times 10^{-3}}} \ \mathrm{m/s} = 1351.3 \ \mathrm{m/s}$$

同理可得

$$\sqrt{\overline{v_{N_2}^2}} = \sqrt{\frac{3 \times 8.31 \times 293}{28.0 \times 10^{-3}}} \ \mathrm{m/s} = 510.8 \ \mathrm{m/s}$$

【例 6-8】 计算气体分子热运动速率介于 v_P 和 $v_P + \frac{v_P}{100}$ 之间的分子数所占的比率。

解 根据麦克斯韦速率分布定律,气体分子速率在 $v \sim v + \mathrm{d}v$ 的分子数的比率为

$$\frac{\mathrm{d}N}{N} = f(v)\mathrm{d}v = 4\pi \left(\frac{m}{2\pi kT}\right)^{3/2} v^2 \mathrm{e}^{\frac{-mv^2}{2kT}} \mathrm{d}v$$

该题要求速率介于 v_P 和 $v_P + \frac{v_P}{100}$ 之间的分子数所占的比率,由于 Δv 较小,故可近似地表示为

$$\frac{\Delta N}{N} = 4\pi \left(\frac{m}{2\pi kT}\right)^{3/2} v^2 \mathrm{e}^{\frac{-mv^2}{2kT}} \Delta v$$

按照题意有 $v = v_P, \Delta v = v_P/100, v_p = \sqrt{\frac{2kT}{m}}$,代入上式可得

$$\frac{\Delta N}{N} = \frac{4}{\sqrt{\pi}} \left(\frac{1}{v_P}\right)^3 v_P^2 \mathrm{e}^{-1}(0.01 v_P) = 0.83\%$$

6.7　玻尔兹曼能量分布

6.6 节讨论了理想气体在平衡状态下的麦克斯韦气体分子速率分布律,但是对速度的方向和外力场(如重力场、电场和磁场)作用时的影响并没有涉及。玻尔兹曼把麦克斯韦速率分布律推广到气体分子在任意场中运动的情形。下面我们就此问题

进行讨论。

6.7.1 玻尔兹曼能量分布定律

由 6.6 节可知,麦克斯韦速率分布定律为

$$\frac{dN}{N} = f(v)dv = 4\pi\left(\frac{m}{2\pi kT}\right)^{3/2} v^2 e^{\frac{-mv^2}{2kT}} dv$$

式中:速率 v 为自变量。因为分子平动动能 $\varepsilon_k = \frac{1}{2}mv^2$,故上式可改写为

$$\frac{dN}{N} = 4\pi\left(\frac{m}{2\pi kT}\right)^{3/2} v^2 e^{\frac{-mv^2}{2kT}} dv = 4\pi\left(\frac{m}{2\pi kT}\right)^{3/2} v^2 e^{-\varepsilon_k/kT} dv \qquad (6\text{-}38)$$

式(6-38)表明气体分子的分布仅与分子的平动动能有关。考虑到力场的影响,玻尔兹曼认为气体分子的分布不仅与分子的平动动能有关,还与分子在力场中的势能有关,其总能量应该为动能和势能之和,即 $\varepsilon = \varepsilon_k + \varepsilon_p$。由于分子势能与分子在外力场中的位置有关,而分子在空间的分布是不均匀的,所以还需要指明分子按空间位置的分布。

玻尔兹曼研究了在外立场中的理想气体处在平衡状态下时,分子位置坐标在 $x \to x+dx$、$y \to y+dy$、$z \to z+dz$ 范围内,且速率在 $v_x \to v_x + dv_x$、$v_y \to v_y + dv_y$、$v_z \to v_z + dv_z$ 范围内的分子数为

$$dN = N\left(\frac{m}{2\pi kT}\right)^{3/2} e^{-\varepsilon/kT} dv_x dv_y dv_z dx dy dz \qquad (6\text{-}39)$$

该结论称为玻尔兹曼能量分布定律,表明在温度为 T 的平衡状态下,任何系统的微观粒子按能量分布的规律。式中 $e^{-\varepsilon/kT}$ 称为玻尔兹曼因子,是决定分子分布的重要因素。如果速度区间 $dv_x dv_y dv_z$ 及位置坐标区间 $dx dy dz$ 相同,则分子数 dN 与 $e^{-\varepsilon/kT}$ 成正比,显然能量大的分子数目少,而能量小的分子数目大。也就是说,分子总是优先占据低能量状态,这是玻尔兹曼能量分布律的一个重点。

由于在体积元 $dv = dx dy dz$ 中各种速率的分子都有,因此将式(6-39)对所有可能的速率积分,得

$$dN = N\left\{\int_{-\infty}^{+\infty}\left[\left(\frac{m}{2\pi kT}\right)^{3/2} e^{-\varepsilon_k/kT}\right] dv_x dv_y dv_z\right\} e^{-\varepsilon_p/kT} dx dy dz \qquad (6\text{-}40)$$

由归一化条件可得

$$\int_{-\infty}^{+\infty}\left[\left(\frac{m}{2\pi kT}\right)^{3/2} e^{-\varepsilon_k/kT}\right] dv_x dv_y dv_z = 1 \qquad (6\text{-}41)$$

则有

$$dN = Ne^{-\varepsilon_p/kT} dx dy dz \qquad (6\text{-}42)$$

以体积元 $dv = dx dy dz$ 除上式,可得分布在此区间内单位体积的分子数为

$$n = \frac{dN}{dx dy dz} = Ne^{-\varepsilon_p/kT} \qquad (6\text{-}43)$$

令 $\varepsilon_p=0$ 处的分子数密度为 n_0，则 $n_0=N$，在势能为 ε_p 处的分子数密度为

$$n=n_0 \mathrm{e}^{-\varepsilon_p/kT} \tag{6-44}$$

6.7.2　重力场中粒子按高度分布

在重力场中，地球表面附近分子的重力势能为 $\varepsilon_p=mgz$，代入式(6-44)，可得

$$n=n_0 \mathrm{e}^{-mgz/kT}=n_0 \mathrm{e}^{-\mu gz/RT} \tag{6-45}$$

式(6-45)为重力场中分子数密度随高度变化的公式。显然，随着高度的增加，分子数密度急剧下降。这就是海拔越高，空气就越稀薄的原因。

6.7.3　重力场中的压强公式

在大气中，若设处处温度相同，则由 $p=nkT$，根据式(6-45)可以导出空气的压强 p 按高度的分布为

$$p=p_0 \mathrm{e}^{-mgz/kT}=p_0 \mathrm{e}^{-\mu gz/RT} \tag{6-46}$$

式中：$p_0=n_0 kT$，是 $z=0$ 处空气的压强。众所周知，地球表面附近的大气分子数密度随高度变化而变化，这就直观导致地球表面附近的大气压随高度而改变。实际上，大气层中气体的温度随高度的变化而略有变化，式(6-46)所得结果与实际情况略有出入。但是在地球表面附近，式(6-46)与实际情况还是很接近的。

对式(6-46)两边取对数，可得

$$z=\frac{kT}{mg}\ln\frac{p_0}{p}=\frac{RT}{\mu g}\ln\frac{p_0}{p} \tag{6-47}$$

在航海、登山和地质考察等活动中，常用式(6-47)来估算某处的高度。

本 章 小 结

1. 分子运动的基本概念

宏观物体都是由分子、原子等粒子组成的；物体内的分子都在做无规则的热运动；分子之间存在相互作用力。

2. 理想气体的状态方程

$$pV=\frac{M}{\mu}RT$$

式中：M 为气体质量；m 为分子质量；R 为普适气体常量。该式表明了理想气体的三个状态参量 p、V、T 三者之间的关系。

3. 理想气体的压强公式

$$p=\frac{1}{3}nm\overline{v^2}=\frac{2}{3}n\overline{\varepsilon}$$

气体的压强是由于大量分子不断碰撞器壁的结果，它是一个统计平均值。

4. 理想气体的温度公式

$$\bar{\varepsilon} = \frac{3}{2} kT$$

也可以写为

$$T = \frac{2\bar{\varepsilon}}{3k}$$

它揭示了微观量 $\bar{\varepsilon}$ 的统计平均值与宏观量 T 之间的关系。

5. 能量按自由度均分定理

在平衡状态下,理想气体分子的每一个自由度都具有相同的平均动能,其大小都等于 $\frac{1}{2} kT$。能量按自由度均分定理反映了分子热运动能量遵守的统计规律,是对大量分子统计平均的效果。

6. 理想气体的内能

理想气体的内能是所有分子各种形式动能和分子内原子之间振动势能的总和。而对于刚性分子(个别气体分子除外)组成的理想气体来说,由于不考虑原子间的振动,所以内能往往指的就是所有分子各种无规则热运动动能的总和。摩尔数为 ν 的理想气体的内能是

$$E = \frac{M}{\mu} \frac{i}{2} RT = \nu \frac{i}{2} RT$$

7. 麦克斯韦速率分布定律

理想气体在平衡状态下的分子速率分布函数为

$$f(v) = 4\pi \left(\frac{m}{2\pi kT} \right)^{3/2} v^2 e^{-mv^2/2kT}$$

表示速率在 v 附近单位速率区间内的分子个数占总分子数的比率。$f(v)$ 满足归一化条件,即

$$\int_0^\infty f(v)\,\mathrm{d}v = 1$$

8. 分子速率的三种统计平均值

$$v_p = \sqrt{\frac{2kT}{m}} = \sqrt{\frac{2RT}{\mu}} \approx 1.41 \sqrt{\frac{RT}{\mu}}$$

$$\bar{v} = \sqrt{\frac{8kT}{\pi m}} = \sqrt{\frac{8RT}{\pi \mu}} \approx 1.60 \sqrt{\frac{RT}{\mu}}$$

$$\sqrt{\bar{v^2}} = \sqrt{\frac{3kT}{m}} = \sqrt{\frac{3RT}{\mu}} \approx 1.73 \sqrt{\frac{RT}{\mu}}$$

以上分别为最概然速率、平均速率和方均根速率,满足关系

$$\sqrt{\bar{v^2}} > \bar{v} > v_p$$

思　考　题

6.1　推导压强公式的基本思路和主要步骤是什么?

6.2　对汽车轮胎打气,使之达到所需要的压强。在冬天与夏天,打入轮胎内的空气质量是否相同? 为什么?

6.3　一定质量的气体,当分别保持 p、V 不变时,各有 $V/T=$ 恒量、$p/T=$ 恒量的关系,试由气体动理论对这两个规律进行微观解释。

6.4　在推导理想气体压强公式的过程中,哪些地方用到了理想气体的微观模型的假设? 哪些地方用到了平衡态的条件? 哪些地方用到了统计平均的概念?

6.5　速率分布函数的物理意义是什么? 设 $f(v)$ 为速率分布函数,请思考下列各式所代表的物理意义:

(1) $f(v)\mathrm{d}v$;　　　　　(2) $Nf(v)\mathrm{d}v$;　　　　　(3) $\displaystyle\int_{v_1}^{v_2} f(v)\mathrm{d}v$;

(4) $\displaystyle\int_{v_1}^{v_2} Nf(v)\mathrm{d}v$;　　(5) $\displaystyle\int_{v_1}^{v_2} vf(v)\mathrm{d}v$;　　(6) $\displaystyle\int_{v_1}^{v_2} Nvf(v)\mathrm{d}v$。

6.6　如果气体随同容器一起运动,则气体分子热运动平均平动动能是否也增大了,气体的温度是否也升高了? 如果容器突然停止,则气体达到新的平衡态后,温度有无变化?

6.7　气体分子的平均速率、最概然速率和均方根速率的物理意义有什么区别? 最概然速率是否是速率分布中最大速率的值? 在数值上,这三个速率哪个最大? 哪个最小?

6.8　在气体的迁移现象中,本质上是哪些量在迁移? 分子热运动和分子碰撞在迁移现象中起什么作用?

6.9　甲、乙两人对大气压强产生的原因发生了争论,甲说:"大气压强是由重力引起的";乙说:"大气压强是由气体分子无规则运动引起的",你对此如何评论?

6.10　同一温度下,不同气体的平均平动动能相等。就 H_2 与 O_2 分子比较,H_2 分子的质量小,所以一个 H_2 分子的速率一定会比 O_2 分子的速率大,对吗?

6.11　若盛有某种理想气体的容器漏气,使气体的压强和分子数密度各减为原来的一半,气体的内能和分子平均动能是否改变? 为什么?

练　习　题

6.1　屋内生起炉子后,温度从 27 ℃ 升高到 37 ℃,问此屋内的空气分子数减少为原来的百分之几?

6.2　容器内储有 2 mol 的某种刚性分子理想气体,现从外界传入 $2.5×10^2$ J 的热量,测得其温度升高 20 K。求该气体分子的自由度。

6.3　已知氢气的压强 $p=2.026$ Pa,体积 $V=3.00×10^{-2}$ m^3,则其内能 E 为多少?

6.4　$2.0×10^{-2}$ kg 的氢气装在 $4.0×10^{-3}$ m^3 的容器内,当容器内的压强为 $3.9×10^5$ Pa 时,问氢气分子的平均平动动能为多大?

6.5　容器内有 $M=2.66$ kg 氮气(视为刚性分子理想气体),已知其平均动能总和是 $E_k=6.9×10^5$ J,求:(1)气体分子的平均平动动能;(2)气体温度。

6.6　在容积为 1 m^3 的密闭容器内,有 900 g 的水和 1.6 kg 的氧气。计算温度为 500 ℃时容器中的压强。

6.7　若用 $f(v)$ 表示气体分子的麦克斯韦速率分布函数,则 $Nf(v)dv$ 与 $\int_0^∞ vf(v)dv$ 的物理意义分别是什么?

6.8　在标准状态下,若氧气和氦气的体积(视为刚性分子理想气体)比为 $V_1/V_2=1/2$,则其内能 E_1/E_2 之比为多少?

6.9　质量为 $6.2×10^{-14}$ g 的粒子悬浮在 27 ℃的液体中,观测到它的均方根速率为 1.40 cm/s。(1)试计算阿伏伽德罗常数;(2)设粒子遵守麦克斯韦速率分布,计算该粒子的平均速率。

6.10　试根据麦克斯韦速率分布律计算速率倒数的平均值 $\overline{\dfrac{1}{v}}$。

6.11　若对一容器中的刚性分子理想气体进行压缩,并同时对它加热,当气体温度从 27 ℃升高到 187 ℃时,其体积减小为原来的二分之一,求下列各量变化前后之比:(1)压强;(2)分子的平均动能;(3)方均根速率。

6.12　两个相同的容器内装有数目相同的氢分子,二者用阀门相连。第一个容器内的分子方均根速率为 v_1,第二个容器内分子的方均根速率为 v_2,问如果打开连接容器的阀门,那么方均根速率将为多大?(设此过程中系统与周围环境没有热交换)

6.13　目前,真空设备内部的压强可达 $1.01×10^{-10}$ Pa,问在此压强下温度为 27 ℃时 1 m^3 体积中有多少个气体分子?

6.14　储有氧气的容器以速率 v 运动,假设容器突然停止运动,全部定向运动的动能转变为气体分子热运动动能,问气体分子速率平方的平均值增加了多少?容器中氧气的温度上升了多少?

6.15　在容积为 $2.0×10^{-3}$ m^3 的容器中,有内能为 $6.75×10^2$ J 的刚性双原子分子理想气体。(1)计算气体的压强;(2)设分子总数为 $5.4×10^{22}$ 个,计算气体的温度和分子的平均平动动能。

6.16　体积为 V 的房间与大气相通,开始时室内与室外温度均为 T_0,压强均为 p_0,现使室内温度降为 T,设温度变化前后气体均为刚性分子理想气体。求:(1) 房中气体内能的增量;(2) 房中气体摩尔数的增量。

6.17　一个容器内储有氧气,其压强为 1.01×10^5 Pa,温度为 37 ℃,计算:(1) 气体分子数密度;(2) 氧气的密度;(3) 分子平均平动动能;(4) 分子间的平均距离。

第7章　热力学基础

　　经典热力学是一门在实验科学基础上发展起来的物理理论学科，与气体动理论一样，热力学的研究对象也是热现象，但是和气体动理论的研究方法不同。热力学主要是从能量转化的观点来研究物质的热性质，它提示了能量从一种形式转换为另一种形式时遵从的宏观规律，总结了物质的宏观现象而得到的热学理论。热力学并不追究由大量微观粒子组成的物质的微观结构，而只关心系统在整体上表现出来的热现象及其变化发展所必须遵循的基本规律，它满足于用少数几个能直接感受和可观测的宏观状态量诸如温度、压强、体积、浓度等描述和确定系统所处的状态。通过对实践中热现象的大量观测和实验发现，宏观状态量之间是有联系的，它们的变化是互相制约的。制约关系除与物质的性质有关外，还必须遵循一些对任何物质都适用的基本的热学规律，如热力学第零定律、热力学第一定律、热力学第二定律和热力学第三定律等。热力学以从实验观测得到的基本定律为基础和出发点，应用数学方法，通过观察和实验总结归纳，得出有关物质各种宏观性质之间的关系和宏观物理过程进行的方向和限度，故得出的结论具有高度的可靠性和普遍性。

　　热力学在农业和生物学中有许多应用，在正确理解农业、人口、生命、生态以及环境等方面的一些当今社会的热点问题上极具价值。因此，深入了解热力学的内涵和外延有十分重要的意义。

本章主要介绍内能、功、热量这三个重要的物理量以及热力学第一定律和热力学第二定律,并对这些定律对理想气体的应用作简要讨论。

7.1　热力学第一定律

7.1.1　功　内能　热量

由于热力学的主要任务是从能量的观点出发,研究在物态变化过程中有关热功转换的关系和条件等问题,因此必须首先正确认识功、内能和热量的概念以及它们之间的关系。

1. 功

在力学中讲过,做功是物体与外界交换能量的过程,做功的结果是物体的机械运动状态和机械能发生改变。但实际上功的概念却广泛得多,除机械功外,还有电场功、磁场功等类型。做功的结果,还可以有引起热运动状态、电磁运动状态的改变等。无论是哪种类型的功,做功的过程总是和能量的改变、转移和运动形态的转化相联系的。

在热力学中,研究准静态过程的功具有重要意义。在图 7-1(a)中,设想气缸中的气体进行准静态的膨胀过程,以 S 表示活塞的面积,以 p 表示气体的压强,则气体对活塞的压力为 pS,当气体推动活塞缓缓向外移动一段微小位移 dl 时,气体对外所做的功为

$$dA = pSdl = pdV \tag{7-1}$$

式中:p、V 均为描写气体平衡态的参量;dA 表示系统对外界(活塞)所做的功;dV 为气体体积的增量。当气体体积膨胀时,$dV>0$,则 $dA>0$,表示系统对外界做功;气体体积缩小(即被压缩)时,$dV<0$,则 $dA<0$,表示系统对外界做负功(换言之,外界对系统做功)。

系统经历的一个无限小的状态变化过程称为元过程,式(7-1)表示系统在体积发生无限小变化的元过程中所做的元功。可用 p-V 图上过程曲线下的条状面积元表示,如图 7-1(b)中阴影部分面积为 pdV,表示气体体积膨胀 dV 时所做的元功。

如图 7-1(b)所示,如果系统由初始状态 A 经历一个有限的准静态过程变化到状态 B(曲线 A—Ⅰ—B)时,系统的体积由 V_1 变化到 V_2,则系统对外界所做的总功为

$$A = \int_A^B dA = \int_{V_1}^{V_2} pdV \tag{7-2}$$

由积分的意义可知,气体所做功的大小等于 p-V 图上过程曲线 A—Ⅰ—B 下的面积。一般来说,在体积变化的过程中,压强不是恒定不变的,如果已知在状态变化过程中系统的压强与体积的函数关系,将其代入式(7-2)就可以求出系统所做的功。

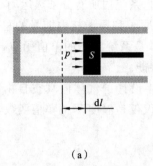

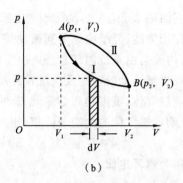

（a） （b）

图 7-1

由图还可以看出，只给出系统的初态和末态，并不能确定系统所做的功值，功还与过程有关。例如，在图 7-1(b)中，曲线 A—Ⅱ—B 对应另一准静态过程，从状态 A 到状态 B，气体所做功就等于曲线 A—Ⅱ—B 下的面积。由于当初态 $A(p_1,V_1)$ 和末态 $B(p_2,V_2)$ 给定后，连接初态与末态的曲线可以有无穷多条，这意味着系统可以通过无穷多个过程从初态 A 发展到末态 B，功的数值也就有无穷多个。所以说功不是表征系统状态的量，而是与做功过程有关的量。这一点对任何其他类型的功都同样成立。因此，我们可以说系统的温度和压强是多少，而绝不能说系统的功是多少或说处于某一状态的系统有多少功。

2. 内能

力学中曾指出，物体在重力场中由一个位置移动到另一个位置，重力所做的功仅与物体的初末位置有关，而与物体的运动路径无关。这说明重力场中存在一个位置坐标的函数 E_P，即重力势能。当物体由初始位置到终点位置时，E_P 的增量等于将物体沿任意路径由起点到终点时克服重力所做的功。

实验证明，在热力学系统中，也存在一个仅依赖于内部运动状态的态函数，当系统从平衡态 1 经过一个绝热过程到达平衡态 2 时，这个函数的增量等于外界对系统所做的绝热功。这个态函数，我们称为系统的内能，用 E 来表示。如果用 E_1 和 E_2 分别表示系统在初、末两平衡态的内能，绝热过程中外界对系统所做的功用 A_Q 表示，则有

$$A_Q = E_2 - E_1 \tag{7-3}$$

由式(7-3)可以看出，根据系统从平衡态 1 到平衡态 2 过程中所消耗的绝热功，只能确定这两个态的内能差，而不能把任一态的内能完全确定。这和力学中物体在保守力场中的势能相类似，也包含了一个任意相加的常量，这个常量就是某一被选定为标准态(或称为参考态)的内能，其值可以任意选择，一般规定为零，且无论这个零参考态如何选择，都不会影响任意两状态的内能差。在实际应用中，重要的只是两态间的内能差，即内能的变化。

　　从微观结构来看,热力学系统的内能通常是指系统内所有分子热运动动能、分子之间相互作用势能、分子内原子间振动势能以及原子和原子核内能量的总和。需要注意的是,内能是由系统内部状态所决定的能量,是系统状态的单值函数,不包括系统整体宏观机械运动的动能及系统在外场中的势能。

　　对于理想气体,英国物理学家焦耳在1845年设计了气体向真空自由膨胀的实验,结果证明理想气体的内能与体积、压强无关,仅仅是温度 T 的单值函数,即

$$E = E(T) \tag{7-4}$$

这一规律称为**焦耳定律**。

3. 热量

　　如前所述,做功是热力学系统与外界发生相互作用的一种方式,此外还存在另外一种相互作用方式,即热传递。这是仅仅当系统与外界之间存在温度差时才会发生的相互作用,它同样可以使系统的热运动状态发生变化,从而引起系统的内能发生变化。而传热过程实质上就是当温度不同的物体相互接触时,通过分子碰撞传递分子无规则运动能量而改变物体内能的过程。这种在传热过程中传递能量的多少就叫热量,通常用 Q 表示。那么在一定条件下,内能的改变也可以用外界对系统传递的热量来量度。假设一热力学过程,外界不对系统做功,仅由热传递来进行能量交换,当系统的内能由 E_1 变为 E_2 时,外界传给系统的热量为 Q,则有

$$Q = E_2 - E_1 \tag{7-5}$$

在 SI 制中,热量单位为 J(焦耳)。

　　与做功类似,向系统传递热量也可以改变系统的状态与内能,且由实验结果表明,在系统状态变化的过程中,所传递的热量不仅与初、末状态有关,还与过程有关,所以热量与功一样都属于过程量,都是能量转化的一种度量。

　　在此,对于功和热量这两个重要概念,有必要指出它们的区别。做功是与宏观位移相联系的,热传递是与温度差的存在相联系的。它们是使系统能量发生变化的两种具体方式,而功和热量则分别为通过这两种方式所发生的系统能量变化的量度。

7.1.2　热力学第一定律

　　一般来说,自然界实际发生的热力学过程,如果外界对系统既做功又存在热传递,系统内能的改变则是做功和热传递两种相互作用的共同结果。设某一热力学过程,初始时系统处于平衡态 1,系统的内能为 E_1。当系统在从外界吸收热量 Q 的同时又对外做功 A,系统达到了平衡态 2,其内能为 E_2。根据能量守恒和转换定律应有

$$Q = (E_2 - E_1) + A = \Delta E + A \tag{7-6}$$

式(7-6)即为热力学第一定律的数学表达式。它表明系统在任一过程中所吸收的热

量,一部分使系统的内能增加,另一部分用于系统对外做功。式(7-6)中的 Q、A、ΔE 可以取正值,也可以取负值。一般规定,系统从外界吸收热量时 $Q>0$,向外界放热时 $Q<0$;系统对外界做功时 $A>0$,外界对系统做功时 $A<0$;内能增加时 $\Delta E>0$,内能减少时 $\Delta E<0$。

对于状态微小变化的热力学过程,系统只做无限小的功和吸收无限小的热量,其内能变化也无限小,则热力学第一定律可以表示为以下微分形式:

$$dQ=dE+dA \tag{7-7}$$

若研究对象为气体的任一准静态过程,根据前面所讲准静态过程中功的计算,热力学第一定律又可以表示为

$$Q = E_2 - E_1 + \int_{V_1}^{V_2} p\,dV \tag{7-8}$$

或

$$dQ=dE+pdV \tag{7-9}$$

热力学第一定律是能量转化和守恒定律在涉及热现象过程中的具体形式。**能量守恒定律**是自然界中各种形态的运动相互转化时所遵从的普遍法则,它指出:**自然界中各种不同形式的能量都能够从一种形式转化为另一种形式,由一个系统传递给另一个系统,在转化和传递中总能量守恒。**由热力学第一定律可知,要使系统对外做功必须消耗系统的内能或从外界吸收热量。历史上曾经有人企图制造一种机器,它既不消耗系统内能,又不从外界吸收热量,还能不断地对外做功,这种机器称为**第一类永动机**。由式(7-6)可知,如果无外界热源提供热量,则有

$$\Delta E = -A$$

这说明,若要系统对外做功($A>0$),就必然会消耗系统内能,以系统内能减少为代价($\Delta E<0$),这也是能量守恒定律的必然结论。很明显,由于第一类永动机违背了热力学第一定律,因而它是不可能制成的。因此,热力学第一定律也可以表示为:第一类永动机是不可能制成的。

【例 7-1】 1 mol 单原子气体加热过程吸热 200 卡,对外做功 500 J,求气体温度的变化。

解 由热力学第一定律

$$Q=\Delta E+A$$

可得

$$\Delta E=Q-A=(200\times4.18-500)\ \text{J}=336\ \text{J}$$

设气体可按理想气体处理,则 1 mol 单原子理想气体有

$$\Delta E=\frac{3}{2}R\Delta T$$

则气体温度变化为

$$\Delta T = \frac{\Delta E}{\frac{3}{2}R} = \frac{336}{\frac{3}{2} \times 8.31} \text{ K} = 27.0 \text{ K}$$

7.2　准静态过程中热量的计算与热容

实验表明,不同物体在不同过程中温度升高 1 K 所吸收的热量一般是不相同的。为了表明这种特点,物理学中引入了热容的概念。将系统在一定的条件下温度升高(或降低)1 K 时吸收(或放出)的热量称为热容,用 C 表示,单位为 J/K。由于热量与过程有关,所以对同一系统(或同一物体)来说,相应于不同的过程,其热容的值也就不同。设一质量为 M 的物体由于吸收微小热量 dQ,而温度升高 dT,则该物体在此过程中的热容为

$$C = \frac{\text{d}Q}{\text{d}T} \tag{7-10}$$

式(7-10)定义的热容值只有在指明了具体的过程以后才能唯一地确定。此外,热容还与物体的性质和物体的量有关。为了表明一定种类的物体在一定过程中温度变化时吸热或放热的特点,常引入比热容和摩尔热容两个物理量。

物理学中把单位质量物体的热容称为该物体的比热容,简称比热,用 c 表示,即

$$c = \frac{C}{M} = \frac{\text{d}Q}{M\text{d}T} \tag{7-11}$$

式中:C 为质量为 M 的物体的热容;c 为物体的比热容,它表示单位质量的该物体在温度升高(或降低)1 K 时所吸收(或放出)的热量。

当物体温度从 T_1 变化到 T_2 时,所吸收或放出的热量为

$$Q = \int_{T_2}^{T_1} C\text{d}T = M\int_{T_2}^{T_1} c\text{d}T \tag{7-12}$$

把 1 mol 物质的热容,定义为该物质的摩尔热容,用 C_m 表示,即

$$C_\text{m} = \frac{C}{\nu} = \frac{\text{d}Q}{\nu\text{d}T} \tag{7-13}$$

式中:ν 为物质的量。

式(7-13)又可以写为

$$C_\text{m} = \frac{C}{\nu} = \frac{C}{M} \cdot \frac{M}{\nu} = c\frac{M}{\nu} = \mu c \tag{7-14}$$

或

$$c = \frac{C_\text{m}}{\mu} \tag{7-15}$$

一般情况下,热容和比热容均为温度的函数,如果温度变化范围不太大,可近似看成常量。

7.3 热力学第一定律对理想气体几个典型准静态过程的应用

现在我们把热力学第一定律应用到理想气体系统,研究理想气体在等体过程、等压过程、等温过程和绝热过程中的功、热量和内能的改变量及它们之间的转换关系。

7.3.1 等体过程

等体过程就是系统的体积始终保持不变的过程。如图 7-2 所示,气体的任一准静态等体过程在 p-V 图上可用一条平行于 p 轴的直线来表示。在等体过程中,气体的体积 V 是常量,即 $dV=0$,所以 $dA=pdV=0$,即气体对外界不做功,外界对气体也不做功。此时热力学第一定律可以写为

$$dQ_V = dE \qquad (7\text{-}16)$$

或

$$Q_V = \Delta E = E_2 - E_1 \qquad (7\text{-}17)$$

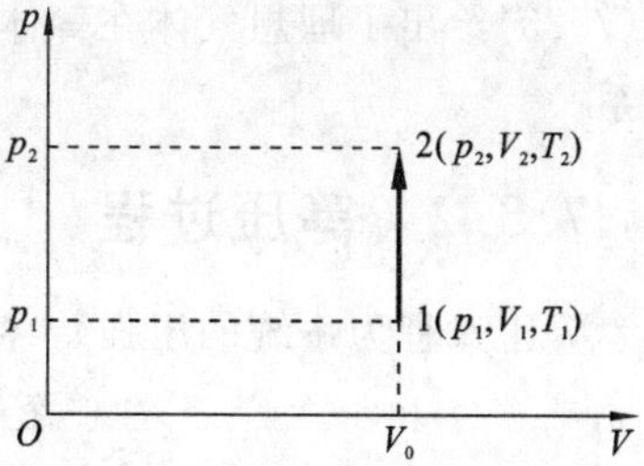

式中下标 V 表示等体过程,式(7-16)或式(7-17)表明,在等体过程中,系统从外界吸收的热量全部转化为系统内能的增量。若系统对外放热,则放出的热量等于系统内能的减少。

7.2 节中提到,1 mol 物质的热容称为该物质的摩尔热容。对于气体来说,最常用的是 1 mol 气体在等体过程和等压过程中的热容。前者称为定体摩尔热容,用 C_V 表示;后者称为定压摩尔热容,用 C_p 表示。设在等体过程中,1 mol 气体温度升高或降低 dT 时,吸收或放出的热量为 dQ_V,则定义

$$C_V = \frac{dQ_V}{dT} \qquad (7\text{-}18)$$

C_V 称为**定体摩尔热容**,单位为 J/(mol·K),它表示 1 mol 气体在等体过程中气体温度升高或降低 1 K 时,吸收或放出的热量。将式(7-16)代入式(7-18)中,可得

$$C_V = \frac{dE}{dT} \qquad (7\text{-}19)$$

根据第 6 章内容可知,1 mol 理想气体的内能为 $E = \frac{i}{2}RT$,当温度增加 dT 时,内能增量为 $dE = \frac{i}{2}RdT$,代入式(7-19)得

$$C_V = \frac{i}{2}R \qquad (7\text{-}20)$$

图 7-2

（右侧图）p 轴, p_2 处 $2(p_2, V_2, T_2)$, p_1 处 $1(p_1, V_1, T_1)$, V_0, O, V 轴

ν mol 气体由状态 $1(p_1,V_1,T_1)$ 等体变化到状态 $2(p_2,V_2,T_2)$ 过程中与外界交换的热量为

$$Q_V = E_2 - E_1 = \nu C_V(T_2 - T_1) \tag{7-21}$$

又可以写为

$$Q_V = \nu \frac{i}{2} R(T_2 - T_1) \tag{7-22}$$

因为理想气体在等体过程中满足关系式 $\dfrac{p}{T} = \nu \dfrac{R}{V} =$ 常量，故根据式(7-21)可得

$$Q_V = E_2 - E_1 = \frac{V}{R} C_V(p_2 - p_1) \tag{7-23}$$

式(7-23)给出了理想气体在等体过程中与外界交换的热量与其压强增量 Δp 之间的关系。

7.3.2　等压过程

等压过程为系统的压强始终保持不变的过程，所以 p 为常量。气体的任一准静

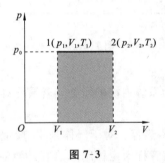

图 7-3

态等压过程都可以在 p-V 图上用一条平行于 V 轴的直线表示，如图 7-3 所示。设在等压过程中，ν mol 的理想气体由状态 $1(p_1,V_1,T_1)$ 变化到状态 $2(p_2,V_2,T_2)$，则过程中系统所做的功为

$$A = \int_{V_1}^{V_2} p\mathrm{d}V = p(V_2 - V_1) \tag{7-24}$$

式中所计算的功 A 在数值上等于图 7-3 中阴影部分的面积。根据理想气体状态方程 $pV = \nu RT$，式(7-24)又可以表示为

$$A = \nu R(T_2 - T_1) \tag{7-25}$$

根据热力学第一定律，可得理想气体在等压过程中与外界交换的热量为

$$Q_p = \Delta E + A = (E_2 - E_1) + \nu R(T_2 - T_1) \tag{7-26}$$

式中下标 p 表示等压过程。

设在等压过程中，1 mol 气体温度升高或降低 $\mathrm{d}T$ 时，吸收或放出的热量为 $\mathrm{d}Q$，则定义

$$C_p = \frac{\mathrm{d}Q_p}{\mathrm{d}T} \tag{7-27}$$

C_p 称为**定压摩尔热容**，它表示 1 mol 气体在等压过程中气体温度升高或降低 1 K 时，吸收或放出的热量。ν mol 的理想气体从状态 $1(p_1,V_1,T_1)$ 等压变化到状态 $2(p_2,V_2,T_2)$ 过程中与外界交换的热量可表示为

$$Q_p = \nu C_p(T_2 - T_1) \tag{7-28}$$

由于理想气体的内能是温度 T 的单值函数,且与过程无关,故根据式(7-20)与式(7-21)可得 ν mol 的理想气体在等压过程中的内能增量为

$$\Delta E = E_2 - E_1 = \nu \frac{i}{2} R(T_2 - T_1) = \nu C_V(T_2 - T_1) \tag{7-29}$$

故式(7-26)可以写为

$$Q_p = \nu C_V(T_2 - T_1) + \nu R(T_2 - T_1) = \nu(C_V + R)(T_2 - T_1) \tag{7-30}$$

将关系式(7-28)与式(7-30)对比可得

$$C_p = C_V + R = \left(\frac{i}{2} + 1\right) R \tag{7-31}$$

式(7-31)称为**迈耶公式**,它表明理想气体在等压过程中温度升高 1 K 时所吸收的热量比在等体过程中温度升高 1 K 时所吸收的热量多 8.31 J。一般将 C_p 与 C_V 的比值称为比热容比,用 γ 表示,即

$$\gamma = \frac{C_p}{C_V} = \frac{i+2}{i} \tag{7-32}$$

实验表明,在一般问题所涉及的温度范围内,气体的 C_p 与 C_V 均可近似为常量,对于像 He、Ne、Ar 等单原子分子气体,其 $C_V \approx \frac{3}{2}R$,$\gamma \approx 1.67$;像 H_2、O_2、N_2 等双原子分子气体,其 $C_V \approx \frac{5}{2}R$,$\gamma \approx 1.40$。

值得一提的是,本节中给出的定体摩尔热容和定压摩尔热容是与温度无关的。实验发现,这一结论只在常温下成立,在更广泛的范围内,气体的热容量是随温度变化而变化的。这种热容量随温度变化的现象与经典理论所不容。后来人们认识到,经典理论之所以有这一缺陷,其根本原因在于上述热容量的经典理论是建立在能量均分原理之上,而这个原理是以粒子能量可以连续变化这一经典概念为基础的。实际上原子、分子等微观粒子的运动遵从量子力学规律,经典概念只在一定的限度内适用,只有量子理论才能对气体热容量作出较完满的解释。

7.3.3　等温过程

等温过程为温度保持不变的准静态过程。理想气体在等温过程中遵从关系式 $pV = \nu RT =$ 常量,所以任一等温过程在 p-V 图上对应一条双曲线,该曲线称为等温线,如图 7-4 所示。由于温度不变,T 为常量,$dT = 0$,对理想气体,其内能仅是温度的单值函数,因此在等温过程中理想气体的内能不变,即 $\Delta E = 0$。根据热力学第一定律有

$$Q_T = A \tag{7-33}$$

式中下标 T 表示等温过程。式(7-33)表明,在等温膨胀过程中,系统所吸收的热量全部转化为对外所做的功。反之在等温压缩过程中,外界对系统所做的功全部转化

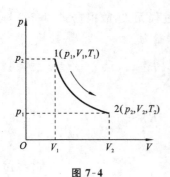

图 7-4

为气体向外界放出的热量。

ν mol 的理想气体从状态 $1(p_1,V_1,T_1)$ 等温变化到状态 $2(p_2,V_2,T_2)$ 过程中与外界交换的热量可表示为

$$Q_T = A = \int_{V_1}^{V_2} p\,dV = \int_{V_1}^{V_2} pV\frac{dV}{V}$$
$$= \int_{V_1}^{V_2} \nu RT\frac{dV}{V} = \nu RT\ln\frac{V_2}{V_1} \qquad (7\text{-}34)$$

其结果在数值上等于图 7-4 中等温曲线下的面积。根据理想气体状态方程 $pV=\nu RT$ 可知，在等温过程中有 $p_1V_1=p_2V_2$，所以式（7-34）又可以表示为

$$Q_T = A = \nu RT\ln\frac{p_1}{p_2} \qquad (7\text{-}35)$$

于是，理想气体在等温过程中的能量转换关系为

$$Q_T = A = \nu RT\ln\frac{p_1}{p_2} = \nu RT\ln\frac{V_2}{V_1} \qquad (7\text{-}36)$$

式（7-36）表明，当理想气体作等温膨胀时（$V_2>V_1$），$A>0$，系统对外做功；而当理想气体作等温压缩时（$V_2<V_1$），$A<0$，即外界对系统做功。

【**例 7-2**】 如图 7-5 所示，3.2×10^{-3} kg 的氢气初始状态压强 $p_1=1.013\times10^5$ Pa，温度 $T_1=300$ K，先等体增压到 $p_2=3.039\times10^5$ Pa，再等温膨胀，使压强降至 $p_3=1.013\times10^5$ Pa，然后等压压缩至 $V_4=\dfrac{1}{2}V_3$。求全过程的内能变化、系统所做的功和吸收的热量。

解 由理想气体状态方程可得系统在初始状态时的体积为

$$V_1 = \frac{M}{\mu}RT_1\frac{1}{P_1}$$
$$= \frac{3.2\times10^{-3}}{32\times10^{-3}}\times8.31\times300\times\frac{1}{1.013\times10^5}\ \text{m}^3$$
$$= 2.46\times10^{-3}\ \text{m}^3$$

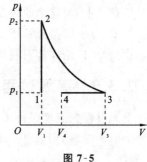

图 7-5

（1）从状态 1 到状态 2 为等容过程，$V_1=V_2$，由理想气体状态方程可得 $p_1T_2=p_2T_1$，则

$$T_2 = \frac{p_2}{p_1}T_1 = 3T_1 = 900\ \text{K}$$

所以

$$Q_{12} = E_2 - E_1 = \frac{M}{\mu}C_V(T_2 - T_1) = \frac{3.2 \times 10^{-3}}{32 \times 10^{-3}} \times \frac{5}{2} \times 8.31 \times (900 - 300) \text{ J}$$

$$= 1248 \text{ J}$$

（2）从状态 2 到状态 3 为等温过程，由于 $T_2 = T_3$，故 $\Delta E = E_2 - E_1 = 0$。由理想气体状态方程可得 $p_3 V_3 = p_2 V_2$，则

$$V_3 = \frac{p_2}{p_3}V_2 = 3V_2 = 3 \times 2.46 \times 10^{-3} \text{ m}^3 = 7.38 \times 10^{-3} \text{ m}^3$$

所以

$$Q_{23} = A_{23} = \frac{M}{\mu}RT_2 \ln \frac{V_3}{V_2} = \frac{3.2 \times 10^{-3}}{32 \times 10^{-3}} \times 8.31 \times 900 \times \ln \frac{3V_2}{V_2} = 822 \text{ J}$$

（3）从状态 3 到状态 4 为等压过程，$p_3 = p_4 = 1.013 \times 10^5$ Pa，由题意知 $V_4 = \frac{1}{2}V_3$，所以由理想气体状态方程可得

$$T_4 = \frac{V_4 T_3}{V_3} = 0.5 \times 900 \text{ K} = 450 \text{ K}$$

$$A_{34} = p_3(V_4 - V_3) = -p_3 \times \frac{1}{2}V_3 = -1.013 \times 10^5 \times 0.5 \times 7.38 \times 10^{-3} \text{ J} = -374 \text{ J}$$

$$Q_{34} = \frac{M}{\mu}C_p(T_4 - T_3) = \frac{3.2 \times 10^{-3}}{32 \times 10^{-3}} \times \frac{7}{2} \times 8.31 \times (450 - 900) \text{ J} = -1309 \text{ J}$$

全过程的总功为

$$A = A_{12} + A_{23} + A_{34} = [0 + 822 + (-374)] \text{ J} = 448 \text{ J}$$

全过程的总吸热为

$$Q = Q_{12} + Q_{23} + Q_{34} = [1248 + 822 + (-1309)] \text{ J} = 761 \text{ J}$$

由于内能的变化仅与初态 1 和末态 4 的内能有关，于是

$$\Delta E = E_4 - E_1 = \frac{M}{\mu}C_V(T_4 - T_1) = \frac{3.2 \times 10^{-3}}{32 \times 10^{-3}} \times \frac{5}{2} \times 8.31 \times (450 - 300) \text{ J} = 312 \text{ J}$$

全过程内能增量也可以由热力学第一定律求出，即

$$\Delta E = Q - A = (761 - 448) \text{ J} = 313 \text{ J}$$

7.3.4　绝热过程

绝热过程可以理解为系统始终不和外界交换热量的过程，即 $Q = 0$。例如，由良好的绝热材料包围的系统内发生的过程就是绝热过程，实际情况中，常常把一些进行得较快而来不及与外界交换热量的过程也近似看作绝热过程。根据热力学第一定律可知

$$A = -(E_2 - E_1) = -\Delta E$$

由此可以看出，绝热过程中系统内能的改变完全取决于系统所做的功，当系统对外界做正功时，其内能减少；当系统对外界做负功时，系统内能增加。

设 ν mol 的理想气体从状态 $1(p_1, V_1, T_1)$ 经过绝热过程变化到状态 $2(p_2, V_2, T_2)$，过程中气体做功为

$$A = -(E_2 - E_1) = -\nu C_V (T_2 - T_1) \tag{7-37}$$

当发生一无限小的准静态绝热过程时，有 $dQ = 0$，根据热力学第一定律可得

$$dA + dE = 0 \tag{7-38}$$

或

$$dA = -dE = -\nu C_V dT \tag{7-39}$$

根据式（7-1），式（7-39）又可以写为

$$p dV = -\nu C_V dT \tag{7-40}$$

又理想气体的状态方程为

$$pV = \frac{M}{\mu} RT = \nu RT$$

对上式两边进行微分有

$$p dV + V dp = \nu R dT \tag{7-41}$$

将式（7-40）和式（7-41）联立并消去 dT，可得

$$(C_V + R) p dV = -C_V V dp \tag{7-42}$$

因为 $C_p = C_V + R$，$\gamma = \dfrac{C_p}{C_V}$，故上式可以化简为

$$\frac{dp}{p} = -\gamma \frac{dV}{V} \tag{7-43}$$

在一般问题所涉及的温度范围内，气体的 C_p 与 C_V 均可近似为常量，所以 γ 也为常量，上式两边进行积分可得

$$pV^{\gamma} = C_1 \tag{7-44a}$$

式（7-44a）称为**绝热方程**或者**泊松方程**，表达了理想气体在准静态绝热过程中压强 p 和体积 V 之间的变化关系。根据式（7-44a），还可以求出绝热过程中体积 V 与温度 T、压强 p 与温度 T 之间的关系式如下：

$$TV^{\gamma-1} = C_2 \tag{7-44b}$$

$$p^{\gamma-1} T^{-\gamma} = C_3 \tag{7-44c}$$

式（7-44a）、式（7-44b）、式（7-44c）统称为理想气体的绝热方程，又称为泊松方程，式中 C_1、C_2、C_3 为常量。

ν mol 的理想气体从状态 $1(p_1, V_1, T_1)$ 绝热变化到状态 $2(p_2, V_2, T_2)$，则根据绝热方程也可以用公式 $A = \displaystyle\int_{V_1}^{V_2} p dV$ 求出理想气体在准静态绝热过程中所做的功，根据式（7-44a）有

$$pV^{\gamma} = p_1 V_1^{\gamma} = p_2 V_2^{\gamma}$$

故有

$$A = \int_{V_1}^{V_2} p\,\mathrm{d}V = \int_{V_1}^{V_2} p_1 V_1^{\gamma} \frac{1}{V^{\gamma}}\mathrm{d}V = p_1 V_1^{\gamma} \int_{V_1}^{V_2} \frac{1}{V^{\gamma}}\mathrm{d}V$$

$$= \frac{1}{\gamma - 1}(p_1 V_1 - p_2 V_2)$$

即

$$A = \frac{1}{\gamma - 1}(p_1 V_1 - p_2 V_2) \tag{7-45}$$

根据式(7-44a)可以在 p-V 图上画出理想气体的绝热过程曲线,如图 7-6 中的实线所示。图 7-6 中的虚线为同一理想气体的等温线,两线交于点 A。很容易看出,绝热线要比等温线陡些,等温过程中满足 $pV =$ 常量,所以计算出等温线的斜率为

$$\left(\frac{\mathrm{d}p}{\mathrm{d}V}\right)_T = -\frac{p}{V}$$

绝热过程中满足方程 $pV^{\gamma} =$ 常量,可计算出绝热线的斜率为

$$\left(\frac{\mathrm{d}p}{\mathrm{d}V}\right)_Q = -\gamma \frac{p}{V}$$

因为 $\gamma > 1$,所以绝热线比等温线陡峭。还可做如下解释:以气体膨胀为例,如图 7-6 所示,当气体从交点 A 处所代表状态膨胀相同的体积 $\mathrm{d}V$ 时,在等温过程中压强的降低($\mathrm{d}p_T$)只是由体积增大引起的,但是在绝热过程中,其压强的降低($\mathrm{d}p_Q$)不仅是由于体积的增大,同时还由于系统对外界做功使得系统内能减小使温度降低所致,所以有 $\mathrm{d}p_Q > \mathrm{d}p_T$,从而在交点 A 处,绝热线斜率的绝对值大于等温线斜率的绝对值。

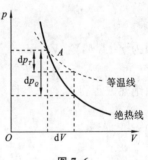

图 7-6

最后,我们将理想气体在各种典型准静态过程中的重要公式总结在表 7-1 中,以便对照。

表 7-1　理想气体在各过程中的重要公式

过程	过程特征	过程方程	吸收热量 Q	对外做功 A	内能增量 ΔE
等体	$V = C$	$\dfrac{p}{T} = C$	$\nu C_V (T_2 - T_1)$	0	$\nu C_V (T_2 - T_1)$
等压	$p = C$	$\dfrac{V}{T} = C$	$\nu C_p (T_2 - T_1)$	$p(V_2 - V_1)$ $\nu R(T_2 - T_1)$	$\nu C_V (T_2 - T_1)$
等温	$T = C$	$pV = C$	$\nu RT \ln \dfrac{V_2}{V_1}$ $\nu RT \ln \dfrac{p_1}{p_2}$	$A = Q$	0

过程	过程特征	过程方程	吸收热量 Q	对外做功 A	内能增量 ΔE
绝热	$Q=0$	$pV^{\gamma}=C_1$ $V^{\gamma-1}T=C_2$ $p^{\gamma-1}T^{-\gamma}=C_3$	0	$\dfrac{p_1V_1-p_2V_2}{\gamma-1}$	$\nu C_V(T_2-T_1)$

【例 7-3】　一定量的氧气，初始温度为 300 K、压强为 1 atm，现通过绝热压缩使其体积变为初始体积的 1/5，求压缩后的压强和温度，并与等温压缩的结果进行比较。

解　（1）氧气分子为双原子分子，有

$$\gamma=\frac{C_p}{C_V}=\frac{(7/2)}{(5/2)}=\frac{7}{5}=1.4$$

在绝热压缩过程中，由绝热方程 $pV^{\gamma}=C_1$ 有

$$p_1V_1^{\gamma}=p_2V_2^{\gamma}$$

则

$$p_2=p_1\left(\frac{V_1}{V_2}\right)^{\gamma}$$

因为 $\gamma=1.4,V_1/V_2=5$，代入上式得

$$p_2=p_1\,(V_1/V_2)^{\gamma}=9.52\ \text{atm}$$

由绝热方程得

$$V_1^{\gamma-1}T_1=V_2^{\gamma-1}T_2$$

则有

$$T_2=T_1\left(\frac{V_1}{V_2}\right)^{\gamma-1}=300\times5^{0.4}\ \text{K}=571\ \text{K}$$

（2）在等温压缩过程中，由等温方程 $p_1V_1=p_2V_2$ 得

$$p_2=p_1\frac{V_1}{V_2}=5\ \text{atm}$$

可以看出，本例中绝热压缩后的温度有明显的升高，压强几乎是等温压缩后压强的 2 倍。

7.4　循环过程

7.4.1　循环过程

通过热力学第一定律可知，热量可以转变为功，这为人们获取有效的动力打开了一个途径。利用工作物质（如气体）进行热力学过程，不断地把所吸收的热量转变为

对外所做的机械功的装置称为热机,如内燃机、蒸汽机等。热力学研究各种过程的主要目的之一,就是探究怎样才能不断提高热机的效率。

　　根据前面内容可知,理想气体经历等压、等温、绝热过程都可以实现热功转换,其中在等温膨胀过程中可以把吸收的热量全部转化为机械功。但实际上,仅借助于这种过程,不可能制成热机。因为随着气体的膨胀,气体体积越来越大,压强会越来越小,当气体的压强减小到与外界压强相等时,便不能继续对外做功了,也就是说气体的膨胀过程不可能无限制地进行下去。而真正的热机,需要源源不断地对外做功。显然要想继续不断地进行这种热功转换,必须使工作物质能够从膨胀做功后的状态再回到初始状态,以便可以再一次地重复进行这种做功过程。一般来说,如果物质系统从某一状态出发,经过一系列变化后又回到原来的状态,这样的过程称为**循环过程**。而热机就是实现这种循环过程的机械装置。

　　如果一个系统所经历的循环过程中每个阶段都是准静态过程,这个循环过程就可以在 p-V 图上用一个闭合曲线表示出来,如图 7-7(a)所示,图中闭合曲线 I—II—I 表示的就是某一准静态循环过程。

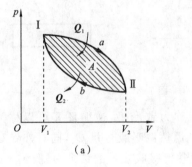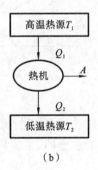

图 7-7

　　如果在 p-V 图上的循环过程是顺时针的循环过程,则称为正循环;反之则称为逆循环。图 7-7(a)表示的即为一个正循环过程,系统从初始状态 I 开始,在 I—a—II 的膨胀过程中,系统吸收热量 Q_1,同时对外做功为 A_1,其数值大小等于 I—a—II 曲线下的面积;系统从 II 状态开始,在 II—b—I 的压缩过程中,外界对系统做功为 A_2,数值上等于 II—b—I 曲线下的面积,同时对外放出热量为 Q_2,因此,对于正循环,在整个循环过程中,系统对外界所做净功为

$$A = A_1 - A_2$$

其数值等于顺时针闭合曲线 I—II—I 所包围的面积。

　　由于系统的内能是其状态参量的单值函数,所以经历一个循环之后,系统的内能不变,即 $\Delta E = 0$,这是循环过程的重要特征。在正循环中,系统对外做正功,即 $A > 0$,则它从高温热源吸收的总热量 Q_1 必然大于向低温热源释放的总热量 Q_2(取正值),根据热力学第一定律可得

$$Q_1 - Q_2 = A$$

图 7-7(b)为热机的示意图,系统从某些高温热源吸收热量 Q_1,一部分用来对外界做功 A,另一部分向低温热源传热 Q_2。一般来说,系统在正循环中具有热机的一般特征,所以正循环又可以称为热机循环。

图 7-8(a)所示的为一个逆循环过程,Ⅰ—b—Ⅱ曲线表示膨胀过程,过程中系统吸收热量 Q_2,对外界做功;Ⅱ—a—Ⅰ曲线表示压缩过程,外界对系统做功,并向外界放热 Q_1,在整个循环过程中外界对系统做正功 A,其数值等于逆时针闭合曲线Ⅰ—Ⅱ—Ⅰ所包围的面积。工质从低温热源吸收热量,由于 $\Delta E = 0$,根据热力学第一定律有

$$Q_1 = Q_2 + A$$

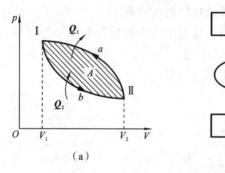

图 7-8

我们把实现这种逆循环的机器称为致冷机,逆循环又可以称为致冷循环。图 7-8(b)为致冷机的示意图,系统从低温热源吸收热量 Q_2,同时外界对系统做功 A,向高温热源放出热量 Q_1。系统从低温热源吸收热量的结果,是低温热源的温度降得更低,从而达到致冷的目的。

7.4.2　循环效率

为了描述热功转化程度,我们把热机在一次正循环过程中系统对外所做的功 A 与它从高温热源所吸收的热量 Q_1 的比值称为热机效率或循环效率,它是热机效能的一个重要标志,用 η 来表示,即

$$\eta = \frac{A}{Q_1} = \frac{Q_1 - Q_2}{Q_1} = 1 - \frac{Q_2}{Q_1} \tag{7-46}$$

由式(7-46)可以看出,当系统所吸收的热量相同时,对外做功越多,表明热机的效率也越高。对于不同的热机,由于其循环过程不同,效率也不同。

致冷机的工质是做逆循环,即沿着与热机相反的方向进行循环过程,是以消耗一定的机械功为代价而从低温热源吸收热量。为了描述致冷机的效能,我们引入致冷系数的概念,用 ε 表示,它在数值上等于致冷循环中系统从低温热源吸收的热量 Q_2

与外界对系统所做净功 A 的比值,即

$$\varepsilon = \frac{Q_2}{A} = \frac{Q_2}{Q_1 - Q_2} \tag{7-47}$$

式(7-47)表明在外界消耗的功相同时,系统从低温热源吸热越多,致冷系数越大,则致冷机的效果越好。

需要指出的是,在式(7-46)与式(7-47)中,A 均表示的是循环过程中的净功的绝对值(在热机循环中,A 表示系统对外所做的净功;致冷循环中,A 表示外界对系统所做的净功),Q_1 与 Q_2 分别表示系统与高温热源和低温热源交换的热量的绝对值。

在历史上,最早采用循环过程获得功输出的是法国人巴本。巴本从炼铁厂中广泛使用的活塞式风箱中得到启发,发明了一个带活塞的汽缸。在实验时向汽缸内注入一定的水,放在火上加热。当水沸腾后蒸汽推动活塞慢慢上升,然后撤去火源,汽缸中的蒸汽慢慢冷却,汽缸内便产生真空,于是在大气压的作用下,活塞慢慢下降,完成一次循环。在这个循环中,通过蒸汽压力和大气压力的相互作用推动活塞做往复的直线运动,从而产生机械功。

巴本的实验是蒸汽机的雏形。后来,经过塞维利、纽可门和瓦特等人的逐步改进,才制成了具有实用价值的蒸汽机。

图 7-9 为蒸汽机工作过程示意图。水泵 B 将水池 A 中的水抽入锅炉 C 中,水在锅炉里被加热变成高温高压的蒸汽,这是一个吸热过程。蒸汽经过管道被送入汽缸 D 内,在其中膨胀,推动活塞对外界做功。最后蒸汽变为废气进入冷凝器 E 中凝结成水,这是一个放热过程。水泵 F 再把冷凝器中的水抽入水池 A,使过程周而复始,循环不息。从能量转化的角度来看,在一个循环中,工作物质(蒸汽)在高温热源(锅炉)处吸热后增加了自己的内能,然后在汽缸内推动活塞时将它获得内能的一部分转化为机械能,使之对外做功,另一部分则在低温热源(冷凝器)通过放热传递给外界。经过一系列过程,工作物质又回到了原来的状态。

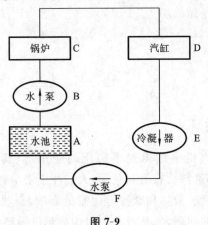

图 7-9

【例 7-4】 如图 7-10 所示，$abcd$ 为 1 mol 单原子理想气体的循环过程，求：

（1）气体循环一次，在吸热过程中从外界共吸收的热量。

（2）气体循环一次对外做的净功。

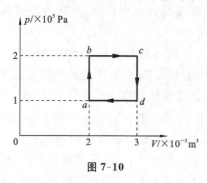

图 7-10

解　（1）ab 为等体升温过程，有

$$Q_{ab} = \Delta E = \nu C_V \Delta T = \frac{3}{2} R \Delta T = \frac{3}{2} V_a \Delta p = 300 \text{ J}$$

bc 为等压膨胀过程，有

$$Q_{bc} = \nu C_p \Delta T = \frac{5}{2} R \Delta T = \frac{5}{2} p_b \Delta V = 500 \text{ J}$$

因为 cd 与 da 过程为放热过程，故气体循环一次，在吸热过程中从外界吸收的热量为

$$Q_{吸} = Q_{ab} + Q_{bc} = 800 \text{ J}$$

（2）气体循环一次对外做的净功为

$$W_{净} = S_{abcd} = 1 \times 10^5 \times 10^{-3} \text{ J} = 100 \text{ J}$$

【例 7-5】 逆向斯特林致冷循环的热力学循环原理如图 7-11 所示，该循环由四个过程组成，先把工质由初态 $A(V_1, T_1)$ 等温压缩到 $B(V_2, T_1)$ 状态，再等体降温到 $C(V_2, T_2)$ 状态，然后经等温膨胀达到 $D(V_1, T_2)$ 状态，最后经等体升温回到初状态 A，完成一个循环。

求该致冷循环的致冷系数。

解　在过程 CD 中，工质从冷库吸取的热量为

$$Q_2 = \nu R T_2 \ln \frac{V_1}{V_2}$$

在过程 AB 中，向外界放出的热量为

$$Q_1 = \nu R T_1 \ln \frac{V_1}{V_2}$$

整个循环中外界对工质所做的功为

$$A = Q_1 - Q_2$$

所以循环的致冷系数为

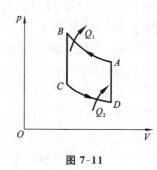

图 7-11

$$\varepsilon = \frac{Q_2}{A} = \frac{Q_2}{Q_1 - Q_2} = \frac{T_2}{T_1 - T_2}$$

7.4.3　卡诺循环

18 世纪末以后，蒸汽机虽然得到了广泛的应用，但其效率却一直很低，只有 $3\% \sim 5\%$，95% 以上的热量都没有得到利用，人们在摸索中对蒸汽机的结构不断进行着各种改进，尽量减少漏气、散热和摩擦等因素的影响，但收效甚微。所以提高蒸汽机的效率已不是工艺上的问题，而是涉及如何构造热机循环的理论问题。

　　1824 年法国青年工程师卡诺分析了各种热机的设计方案和基本结构,在对热机的最大可能效率问题进行理论研究时曾设想了一种理想热机。这种热机的工质只与两个恒温热源(恒定温度的高温热源和低温热源)交换热量,且不存在散热和摩擦等因素,整个过程都是准静态地进行的,这种热机称为卡诺热机。卡诺热机的循环称为卡诺循环,卡诺循环由两个等温过程和两个绝热过程组成。

　　在卡诺循环中,对工质没有规定,可以是理想气体,也可以是气、液两相系统等。下面以 ν mol 理想气体为工质来研究一下卡诺循环,其工作过程如图 7-12 所示。气体从状态 $a(p_1,V_1,T_1)$ 经等温膨胀到状态 $b(p_2,V_2,T_2)$,再经绝热膨胀过程到状态 $c(p_3,V_3,T_3)$,然后经等温压缩过程到状态 $d(p_4,V_4,T_4)$,最后经绝热压缩过程回到状态 a,完成一个循环过程。

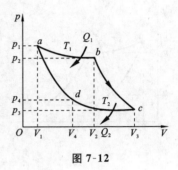

图 7-12

　　在等温膨胀过程 $a\rightarrow b$ 中,气体体积由 V_1 增大到 V_2,系统对外做功,可计算出系统从高温热源 T_1 吸收的热量为

$$Q_1=\nu RT_1\ln\frac{V_2}{V_1}$$

　　在等温压缩过程 $c\rightarrow d$ 中,气体体积由 V_3 缩小到 V_4,外界对系统做功,不难算出系统向低温热源 $T_2(<T_1)$ 释放的热量为

$$Q_2=\nu RT_2\ln\frac{V_3}{V_4}$$

　　$b\rightarrow c$ 与 $d\rightarrow a$ 两个过程为绝热过程,系统与外界无热量交换,在整个卡诺循环中,系统吸收的总热量为 Q_1,放出的总热量为 Q_2,内能不变。根据热力学第一定律,系统对外所做的净功为

$$A=Q_1-Q_2$$

根据热机循环效率的定义,可得卡诺循环的效率为

$$\eta=\frac{A}{Q_1}=1-\frac{Q_2}{Q_1}=1-\frac{\nu RT_2\ln\dfrac{V_3}{V_4}}{\nu RT_1\ln\dfrac{V_2}{V_1}} \tag{7-48}$$

　　对 $b\rightarrow c$ 与 $d\rightarrow a$ 两个绝热过程应用理想气体的绝热方程 $TV^{\gamma-1}=C_2$ 可得如下关系

$$T_1V_2^{\gamma-1}=T_2V_3^{\gamma-1}$$
$$T_2V_4^{\gamma-1}=T_1V_1^{\gamma-1}$$

将此两式相比得

$$\left(\frac{V_3}{V_4}\right)^{\gamma-1}=\left(\frac{V_2}{V_1}\right)^{\gamma-1}\quad\text{或}\quad\frac{V_3}{V_4}=\frac{V_2}{V_1} \tag{7-49}$$

将式(7-49)代入式(7-48)得

$$\eta = 1 - \frac{T_2}{T_1} \tag{7-50}$$

由此可知,理想气体卡诺循环的效率只由高温热源的温度 T_1 和低温热源的温度 T_2 决定,T_1 越大,T_2 越小,则效率越高,也就是说两个热源的温差越大,则效率越高。

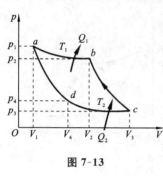

图 7-13

　　　　如果卡诺循环逆向进行,则构成卡诺逆循环,如图 7-13 所示。气体从状态 $a(p_1,V_1,T_1)$ 经绝热膨胀到状态 $d(p_4,V_4,T_4)$,再经等温膨胀过程到状态 $c(p_3,V_3,T_3)$,然后经绝热压缩过程到状态 $b(p_2,V_2,T_2)$,最后经等温压缩过程回到状态 a,完成一个循环过程。显然在卡诺逆循环中,外界对系统做净功 A,系统从低温热源 T_2 吸收热量 Q_2,向高温热源 T_1 释放热量 Q_1。根据热力学第一定律有 $Q_1 = Q_2 + A$,显然卡诺逆循环为致冷循环。根据致冷系数的定义,可得理想气体在卡诺逆循环中的致冷系数为

$$\varepsilon = \frac{Q_2}{A} = \frac{Q_2}{Q_1 - Q_2} = \frac{T_2}{T_1 - T_2} \tag{7-51}$$

式(7-51)表明,当高温热源温度 T_1 一定时,T_2 越小,致冷系数越小,需要消耗的外功就越多。

【例 7-6】　一卡诺热机,工作于温度分别为 27 ℃ 与 127 ℃ 的两个热源之间。(1)若在正循环中该机从高温热源吸收热量 5840 J,问该机向低温热源放出热量多少? 对外做功多少? (2)若使它逆向运转而作制冷机工作,当它从低温热源吸热 5840 J 时,将向高温热源放热多少? 外界做功多少?

　　解　(1)卡诺热机的效率为

$$\eta = 1 - \frac{T_2}{T_1} = 1 - \frac{300}{400} = 25\%$$

由题意知 $Q_1 = 5840$ J,则热机向低温热源放出的热量为

$$Q_2 = Q_1(1 - \eta) = 5840 \times (1 - 0.25) \text{ J} = 4380 \text{ J}$$

对外做功为

$$A = \eta Q = 0.25 \times 5840 \text{ J} = 1460 \text{ J}$$

(2)逆循环时,致冷系数为

$$\varepsilon = \frac{Q}{A} = \frac{T_2}{T_1 - T_2} = \frac{300}{400 - 300} = 3$$

由题意知 $Q_2 = 5840$ J,则外界需做功为

$$A = \frac{Q_2}{\varepsilon} = \frac{5840}{3} \text{ J} = 1947 \text{ J}$$

向高温热源放出的热量为

$$Q_1 = Q_2 + A = (5840 + 1947) \text{ J} = 7787 \text{ J}$$

7.5　热力学第二定律　卡诺定理

7.5.1　热力学第二定律

热力学第一定律是包括热现象在内的能量转换与守恒定律。在热机循环中,工质从高温热源吸收热量 Q_1,一部分用于对外输出机械功 A,另一部分向外界放出热量 Q_2,热机效率为 $\eta = 1 - \dfrac{Q_2}{Q_1}$。很显然热机效率不可能大于 100%,否则就违背了热力学第一定律。19 世纪初期,随着蒸汽机在工业上的广泛应用,人们希望能够最大限度地提高热机效率,根据热机效率公式可以知道 Q_2 越小,热机效率越高。如果能够制成一种理想热机,在循环过程中,可以把吸收的热量全部转换为有用的机械功,不放出任何热量到低温热源,且工质本身又回到初始状态,则这种热机效率可以提高至 100%,人们后来将这种热机称为第二类永动机。这种永动机虽然不违背热力学第一定律,但也与制造第一类永动机的企图一样,虽然前人做了大量的工作,但最后都以失败而告终。

1. 开尔文表述

在总结前人制造第二类永动机的大量经验基础上,开尔文在 1851 年以下列形式表述了一条新的普遍原理:**不可能只从单一热源吸收热量,使之全部转变为有用的功,而不引起其他变化**。也就是说,**第二类永动机是不可能制成的**。这一结论称为热力学第二定律的开尔文表述。这里需要指出的是,开尔文表述中的"单一热源"指的是温度均匀的热源,如果热源温度不均匀,工质可以从温度高的部分吸热而向温度低的部分放热,这种情况就可以看成两个热源了。此外表述中所指的"其他变化",是指除了工质从热源吸收热量对外做功外的其他(包括工质和外界)任何变化。还要注意的是不能把开尔文表述简单地理解为"热量不能全部转换为功"。例如,在理想气体的等温膨胀过程中,气体从热源吸收的热量就可以全部转换为对外所做的功。但在做功的同时,其体积变大、压强降低,也就是说工质已经发生了变化。

热力学第二定律的开尔文表述指明不可能不引起其他变化而把吸收的热量全部转换为机械功(也可以为电磁功)。但相反的过程却完全可能发生,如摩擦生热现象,过程中就会把功完全转化为热,或者说是机械能完全转化为内能,而没有引起其他变化。因此,热功转换过程具有一定的方向性。

2. 克劳修斯表述

在自然界经常发生的另一类现象——热传导过程中,当两个温度不同的物体相互接触时,热量总是自动地从高温物体传向低温物体。根据前面所述,致冷机的目的是使热量从低温物体传向高温物体,但必须依靠外界做功。从经济观点来看,从低温物体吸取一定的热量 Q_2 所需的功 A 越少,致冷机的效能就越高,如果不需要做功就可使致冷机运转,那么致冷系数将达到无穷大。人们将这种能够不需要外界做功就可以把热量从低温物体传向高温物体的装置,称为理想致冷机。大量的实践表明,这种致冷机虽然不违背热力学第一定律,但也是不可能实现的。

1850 年德国物理学家克劳修斯提出了热力学第二定律的另一种表述,即**热量不可能从低温物体传向高温物体,而不引起其他变化。**也就是说,**理想致冷机是不可能制成的。**这一表述称为热力学第二定律的克劳修斯表述。或者可把这一表述说成:热量不能自动地从低温物体传向高温物体。这里"自动"二字,实际上也指出热传导过程也具有方向性。

热力学第二定律的开尔文表述与克劳修斯表述表面上看起来似乎毫不相关,但在实质上是等效的。我们可以采用反证法来证明这种等效性,也就是假设其中一种表述不成立,则另一种表述也不能成立。可以先假设开尔文表述不成立,也就是说从单一热源吸热而全部转化为对外所做功且不产生其他变化的第二类永动机可以实现,则就可以制成如图 7-14(a)所示的热机。它从高温热源吸收热量 Q_1,并使之全部转化为对外所做功 A,利用这个输出功 A 去带动在高温热源 T_1 与低温热源 T_2 之间的一个致冷机,使它从低温热源吸收热量 Q_2,并向高温热源放出热量 $A+Q_2=Q_1+Q_2$,这样使得这一套联合装置循环的总效果就是工质仅仅从低温热源吸热 Q_2 并传给高温热源,此外并没有引起其他任何变化,也就是说图 7-14(b)所示的理想致冷机也可以制成。以上表明假设开尔文表述不成立,则克劳修斯表述也不成立。反之也可以证明如果克劳修斯表述不成立,则开尔文表述也不成立。

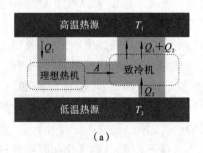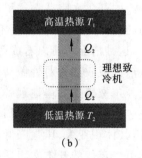

图 7-14

可以说热力学第二定律的开尔文表述与克劳修斯表述有着共同的内在本质,两者是等效的,相辅相成的。在学习下一部分可逆过程与不可逆过程的概念后,我们可以看出,这两种表述实质上反映出自然界与热现象有关的宏观过程的一个极其重要的特征。

7.5.2　可逆过程与不可逆过程

热力学第一定律指出在任何热力学过程中，能量必须守恒。而热力学第二定律实质上研究的是自然界一切自发过程进行的方向和限度，反映了自然界中与热现象有关的一切实际过程，都是沿一定方向进行的。为了进一步研究热力学过程的方向问题，我们需要学习可逆过程和不可逆过程的概念。

思考一下我们身边发生的自然过程，比如如果没有外界作用，气体可以自动膨胀，但是不能自动收缩；盛水的碗倾斜水会自动从碗里倒到地面上，却从未见水又自动从地面回到碗里；从冰箱中拿出的冰块从周围吸热自动化为水，但从未见这些水又自动降温变成冰，……大量的这类实例说明，自然界的实际宏观过程也具有方向性。为了概括以上这些自然过程共同性质，我们引入**不可逆过程**的概念。设想系统经历了一个过程，如果这个过程一旦发生，用任何方法都不能使系统和外界恢复到原来的状态，该过程就称为**不可逆过程**。反之，如果系统经历某一过程发生状态变化后可以恢复原状，并且在恢复原状的过程中对外界不产生任何影响，这种过程称为**可逆过程**。

没有外界作用而能自动进行的过程，称为自发过程。例如，功转化为热、气体的自由膨胀、物体的热传导等均为自发过程，也是几种典型的不可逆过程。比如摩擦生热，通过摩擦力做功将机械能转变为内能（功变热）的过程可以自发地进行，但当其反向进行将散失出去的热全部转变为功（热变功）而对环境不造成任何影响的过程，是不可能实现的。所以功热转换过程具有方向性，是不可逆过程。

同样在气体自由膨胀过程、热传导过程中也可以看出这种不可逆性。

如图 7-15 所示的为气体的自由膨胀过程。假设容器被中间隔板平均分成两部分，一边为理想气体，一边为真空。之后将隔板抽掉，则气体将会自发地向真空部分膨胀，最后充满整个容器，这一过程叫自由膨胀过程。很显然，自由膨胀的逆过程，即充满容器的气体在没有外界影响下自动地收缩到原来容器体积的一半空间中是不可能实现的。因此，气体的自由膨胀过程也是不可逆过程。对于热传导过程，即热量自高温物体传至低温物体的过程可以自发地进行，但当其反向进行时（如致冷机的循环），必须伴随其他过程（如致冷机循环中必须伴有外界对系统做功）才能实现，故热传导过程也具有不可逆性。

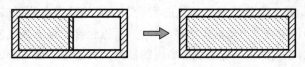

图 7-15

不难证明，一切自动发生的实际过程中，由于存在摩擦、漏气、热辐射等能量耗

损，均为不可逆过程。只有当过程的每一步，系统都无限地接近平衡态，同时不存在
摩擦等耗散因素，可以控制条件，使系统按照相反顺序经过原来过程中所有的中间状
态回到初始状态，并且能够消除掉所有的外界影响时，过程才是可逆的。也就是说，
没有任何耗散效应的准静态过程，才是可逆过程。通常在讨论中所提到的准静态过
程，均指可逆过程。由于实际的过程都不可能满足这些条件，因此，可逆过程是理想
的过程。

　　不可逆过程概念的引入，使我们进一步明确了热力学第二定律的开尔文表述实
际上说明了热功转换过程的不可逆性，而克劳修斯表述则实际上是指出了热传导过
程也是不可逆过程。与证明热力学第二定律两种表述的等价性类似，同样也可以证
明自然界各种不可逆过程之间都存在着深刻的内在联系，总能够将任意两个不可逆
过程通过各种方法联系起来，也就是说由一种过程的不可逆性可以推断出其他过程
的不可逆性。任一个不可逆过程都可用来作为热力学第二定律的表述，可以说热力
学第二定律的实质在于揭示了自然界中一切与热现象有关的自发过程都是单方向进
行的不可逆过程。

7.5.3　热力学第二定律的统计意义

　　为了进一步阐明热力学第二定律的本质，我们来考察一个包含有 4 个全同分子
的孤立系统内所发生的自由膨胀过程，从统计意义上来理解热力学第二定律。

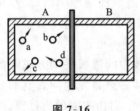

图 7-16

　　如图 7-16 所示，有一容器，一隔板将其分为体积相同
的 A、B 两部分。初始时刻 A 中有 4 个相同的气体分子，
分别记为 a、b、c、d，B 中抽为真空。之后将容器中间的隔
板去掉后，A 中的分子将向 B 部分扩散，则这 4 个气体分
子在 A、B 两部分中会有 16 种可能的分布状态，如表 7-2
所示。如果将每一种分布状态称为系统的一种微观态，则
系统共有 $16=2^4$ 种微观态。由于分子是相同的，宏观上
无法辨别分子 a、b、c、d，所以 A、B 两部分中分子数相同的微观态在宏观上不能区分，
可将 A、B 两部分中分子数分布相同的微观状态统称为一个宏观态。这样来说系统
共有 5 种宏观态，每一种宏观态包含的微观态数不同。如表 7-2 所示，分子全部集中
在 A 或 B 中的宏观态只有 1 个微观态，3 个分子在 A（或 B）的宏观态有 4 个微观态，
2 个分子在 A 部分、2 个分子在 B 部分的宏观态对应的微观态数目最多，共有 6 个微
观态。由于每一种微观态出现的概率是相同的，所以包含微观态数目多的宏观态出现
的概率就比较大，也可以说系统宏观态出现的概率与其宏观态所对应的微观态数目成
正比。容易看出，当 a、b、c、d 4 个分子全部集中在 A 或 B 中的概率最小，为 $\frac{1}{16}=\frac{1}{2^4}$，而 4
个分子均匀分布状态对应的微观态数目最多，出现的概率也就最大。

表 7-2

宏观态	I		II		III		IV		V	
	A	B	A	B	A	B	A	B	A	B
	4	0	3	1	2	2	1	3	0	4
微观态 （分子分布方式）	abcd	0	abc bcd cda abd	d a b c	ab ac ad bc cd	cd bd bc ad ab	d a c	abc bcd cda abd	0	abcd
宏观态对应的微观态数	1		4		6		4		1	
宏观态出现的概率	1/16		4/16		6/16		4/16		1/16	

以此类推,假设系统中有 N 个分子,可以得出这 N 个分子全部集中在 A 或 B 中的概率应该为 $\frac{1}{2^N}$,也就是说随着分子数目增多,所有分子全部集中在 A 或 B 中的概率就越小。对于 1 mol 气体来说,这个概率为 $\frac{1}{2^N}=\frac{1}{2^{N_0}}=\frac{1}{2^{6\times10^{23}}}\approx10^{-2\times10^{23}}$,近似等于 0,也就是说实际上不可能观测到这种情况。

通过上面分析,也就不难理解为什么气体的自由膨胀为不可逆过程,也就是说气体可以向真空自由膨胀但是却不能自动收缩。因为气体自由膨胀时的初始状态(分子全部集中在 A 或 B 中)所包含的微观态数目最少,所以出现概率也就最小,而包含微观态数目最多的宏观态出现的概率就最大。所以说热力学过程的不可逆性,实质上反映了热力学系统的自发过程总是由出现概率小的宏观态向出现概率大的宏观态发展的过程。而对于相反的过程,并不是说绝对不可能发生,是由于出现概率极小,所以实际上是观测不到的。

总结以上讨论,可以得到热力学第二定律的统计意义为:**一个不受外界影响的孤立系统,其内部所发生的一切实际过程,总是由出现概率小的宏观态(包含微观态数目少)向出现概率大的宏观态(包含微观态数目多)进行。**

需要指出的是,热力学第二定律的统计意义表明它是一条统计规律。也就是说,它只适用于包含大量分子的集体,而不适用于只有少量分子组成的系统。

7.5.4 卡诺定理

上一节内容中讲到的理想卡诺循环中每一个过程都是准静态过程,且不存在散热和摩擦等耗散效应,所以卡诺循环就是可逆循环。前面已经计算了理想气体卡诺循环的效率，但是实际中热机的工质并不是理想气体，其循环也不是可逆循环。所以要提高热机效率，解决其效率的极限问题，还要做进一步的探讨。1824 年，卡诺在他的热机理论中首先阐明了可逆热机的概念，并陈述了有重要意义的卡诺定理，内容如下：

（1）在相同高温热源和相同低温热源之间工作的一切可逆热机，其效率均相等，与工作物质无关，都应等于 $\eta = 1 - \dfrac{T_2}{T_1}$；

（2）在相同高温热源和相同低温热源之间工作的一切不可逆热机，其效率不可能大于可逆热机的效率。

上述结论为**卡诺定理**，它可以从热力学第一定律和第二定律出发得到证明，工作于相同的高、低温热源（T_1，T_2）之间的一切热机的效率都有

$$\eta = 1 - \frac{Q_2}{Q_1} \leqslant 1 - \frac{T_2}{T_1} \tag{7-52}$$

式（7-52）中等号只有在可逆机的情况下才成立，Q_1 表示系统吸收的热量，Q_2 表示系统放出的热量。可以看出，卡诺定理为我们指出了提高热机效率的努力方向：① 尽量提高高温热源的温度，降低低温热源的温度，增大高、低温热源的温度差，而在实际中，考虑到经济因素，主要是提高高温热源的温度；② 选择合适的，尽量接近于卡诺循环的循环过程；③ 要尽量减小热机循环的不可逆性，如降低散热、摩擦、漏气等不可逆性因素的影响，使实际的不可逆热机尽量接近于可逆热机。这也是卡诺循环这一理想循环的重大实际意义。

同样对于致冷机也存在如上述卡诺定理类似的结论，可以得到致冷系数的极限。

7.6* 熵 的 概 念

热力学第二定律指出，自然界中一切与热现象有关的自发过程都是不可逆过程。一个热力学系统，如果经历任意的不可逆过程从初态到末态，不论通过什么途径都不能使其再回到初态而不引起任何其他变化，可见这种过程的不可逆性与过程进行的方式无关，而是反映出系统在初态和末态的某种性质上的差别。正是这种差别，决定了过程进行的方向性，而这种性质只由系统所处的状态来决定。为了描述热力学系统状态的这种性质，引入新态函数"熵"的概念，它在初、末两态的不同数值，可被用来作为过程进行方向的数学判据，并且用态函数熵来定量地表述热力学第二定律。

7.6.1 熵与熵增加原理

由式（7-52）可得

$$\frac{Q_1}{T_1} - \frac{Q_2}{T_2} \leqslant 0 \tag{7-53}$$

式中: Q_1 和 Q_2 都是正的。如果将 Q_1 和 Q_2 看作代数量,即规定系统吸热时 Q_1 为正值,放热时 Q_2 为负值,则式(7-53)可以写为

$$\frac{Q_1}{T_1} + \frac{Q_2}{T_2} \leqslant 0 \qquad\qquad (7\text{-}54)$$

其中: $\frac{Q}{T}$ 称为热温比。式(7-54)表明,对于卡诺循环来说,整个循环过程中的热温比总和为零,而不可逆循环的热温比之和小于零。

将这个结论推广到任意的循环过程,系统可能会涉及同很多个热源相接触,且在循环过程中的每一步温度可能不同。如果将循环过程视为一连串的微小过程的集合,则对于第 i 个微小过程,设系统与热源 T_i 的热交换为 Q_i,这一微小过程的热温比为 Q_i/T_i。可以证明,任意循环过程的各个微小过程的热温比代数和仍满足式(7-54),即

$$\sum_i \frac{Q_i}{T_i} \leqslant 0 \quad \text{或} \quad \oint_L \frac{dQ}{T} \leqslant 0 \qquad\qquad (7\text{-}54)$$

其中 $\oint_L \dfrac{dQ}{T} \leqslant 0$ 为积分形式,等号适用于可逆过程,小于号适用于不可逆过程。式(7-54)称为克劳修斯不等式。

假设任一循环过程 L 是由路径 L_1 和 L_2 组成的可逆过程,如图 7-17 所示,a 为初态,b 为末态,系统由状态 a 沿路径 L_1 到状态 b,又经路径 L_2 回到状态 a 完成一个循环,根据式(7-54)有

$$\oint_L \frac{dQ}{T} = \int_{a \atop (L_1)}^b \frac{dQ}{T} + \int_{b \atop (L_2)}^a \frac{dQ}{T} \qquad (7\text{-}55)$$

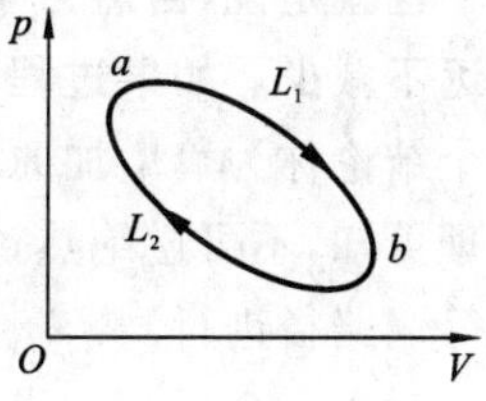

图 7-17

由于过程是可逆的,所以等式右边第二项积分可以用沿 L_2 的逆过程的积分来表示,将上式右端第二项积分上下限对换,同时冠以负号,可得

$$\int_{a \atop (L_1)}^b \frac{dQ}{T} - \int_{a \atop (L_2)}^b \frac{dQ}{T} = 0 \quad \text{或} \quad \int_{a \atop (L_1)}^b \frac{dQ}{T} = \int_{a \atop (L_2)}^b \frac{dQ}{T} \qquad (7\text{-}56)$$

由于积分路径 L_1 和 L_2 不同,式(7-56)表明,两个平衡态(即状态 a 与状态 b)之间热温比的积分与过程无关,仅由初末态决定。类比力学中保守力场中引入态函数势能 E_P 的情况,这里也可以引入一个新的态函数"**熵**",用 S 表示。当系统从平衡态 a 到达平衡态 b 时,其熵的增量等于沿连接初态 a 和末态 b 的任意可逆过程热温比的积分,即

$$S_b - S_a = \int_{a \atop \text{可逆}}^b \frac{dQ}{T} \qquad\qquad (7\text{-}57)$$

由于克劳修斯首先提出来熵的概念,故又称为克劳修斯熵或热力学熵。其中,$\Delta S = S_b - S_a$ 称为熵变。

假设系统从初态 a 经任一不可逆过程到达末态 b 时,不难证明有

$$S_b - S_a > \int_a^b \frac{\mathrm{d}Q}{T} \tag{7-58}$$

它表明对于从初态到末态的任一个不可逆过程,热温比的积分值始终小于系统初态与末态的熵值之差。

将式(7-57)和式(7-58)合并,可以写为

$$S_b - S_a \geqslant \int_a^b \frac{\mathrm{d}Q}{T} \tag{7-59}$$

其中">"对应不可逆过程,"="对应可逆过程。这也是**热力学第二定律的数学表达式**。

将式(7-59)应用于一微小过程,则可得热力学第二定律数学表达式的微分形式为

$$\mathrm{d}S \geqslant \frac{\mathrm{d}Q}{T} \tag{7-60}$$

如果系统是孤立系统,系统和外界没有热量交换,即 $\mathrm{d}Q = 0$,则式(7-59)可以化为

$$\Delta S = S_b - S_a \geqslant 0 \tag{7-61}$$

也就是说,当热力学系统经绝热过程从一个平衡态到达另一个平衡态时,它的熵永远不减少。如果过程不可逆,系统的熵值增加;如果过程可逆,系统的熵值不变。这个结论称为熵增加原理,也是利用熵概念所表述的热力学第二定律。根据熵增加原理可知,不可逆绝热过程总是向着熵增加的方向进行,而可逆的绝热过程则总是沿着等熵路径进行。

对于一个不与外界发生任何相互作用的孤立系统来说,系统内部发生的一切实际过程都是自发过程,属于不可逆绝热过程。所以孤立系统的熵永不减少。因此,我们可以利用熵的变化来判断孤立系统内过程进行的方向和限度。

7.6.2　熵的微观本质

根据前面所述,熵是描述系统宏观态某种性质的物理量,是系统状态的单值函数。而系统的每一个宏观态,又对应着一个确定的微观态数,所以熵应该是系统微观态数目的函数。在热力学中,常将系统某一宏观态所包含的微观态数称为该宏观态的热力学概率。玻尔兹曼认为,若用 Ω 表示系统的热力学概率,则熵 S 与 Ω 应满足以下关系:

$$S = f(\Omega)$$

玻尔兹曼于1877年给出了上式的具体形式为

$$S = k \ln \Omega \tag{7-62}$$

式(7-62)称为玻尔兹曼关系,k 为玻尔兹曼常数。由式(7-62)定义的熵常称为玻尔

兹曼熵或统计熵,单位与 k 的单位相同,即为 J/K。

由式(7-62)可以看出,系统的熵越大,它包含的微观态数目就越多,系统就越 "混乱"或者"无序";反之,熵越小,相应的微观态数目越少,系统内部越单一,越有序。 当系统处于平衡态时,所对应的微观态数目最多,系统的熵也就最大。

从前面内容已知孤立系统内的自发过程总是从出现概率小(包含微观态数目少) 的宏观态向出现概率大(包含微观态数目多)的宏观态进行。正是从微观角度说明了 熵增加原理,也就是孤立系统的自发过程总是向着熵增加的方向进行的。

玻尔兹曼关系是一个极为重要的关系,它犹如一座连接宏观与微观的桥梁,使热 力学中极为抽象而又有点神秘的熵有了更直接和具体的物理意义。目前,熵和熵增 加原理的应用早已超出了物理学的范畴,广泛应用于生物学、信息学等许多自然科学 和社会科学领域。

本 章 小 结

1. 热力学第一定律

热力学第一定律的数学表达式为

$$Q=(E_2-E_1)+A=\Delta E+A$$

它表明系统在任一过程中所吸收的热量,一部分使系统的内能增加,另一部分用于系 统对外做功。微分形式为

$$\mathrm{d}Q=\mathrm{d}E+\mathrm{d}A$$

2. 热力学第一定律对理想气体几个典型准静态过程的应用

等体过程:

$$Q_V=E_2-E_1=\nu C_V(T_2-T_1),\quad A=0$$

等压过程:

$$\Delta E=E_2-E_1=\nu C_V(T_2-T_1),\quad A=\nu R(T_2-T_1),Q_p=\nu C_p(T_2-T_1)$$

等温过程:

$$\Delta E=E_2-E_1=0,\quad Q_T=A=\nu RT\ln\frac{V_2}{V_1}=\nu RT\ln\frac{p_1}{p_2}$$

绝热过程:

$$Q=0,\quad A=-(E_2-E_1)=-\nu C_V(T_2-T_1),\quad\begin{cases}pV^{\gamma}=C_1\\TV^{\gamma-1}=C_2\\p^{\gamma-1}T^{-\gamma}=C_3\end{cases}$$

3. 循环方程和循环效率

循环过程:如果物质系统从某一状态出发,经过一系列变化后又回到原来的状 态,这样的过程称为循环过程。沿顺时针方向进行的循环过程为正循环(热机循环);

反之则称为逆循环(致冷循环)。

热机效率为

$$\eta = \frac{A}{Q_1} = \frac{Q_1 - Q_2}{Q_1} = 1 - \frac{Q_2}{Q_1}$$

式中:A 表示在整个循环过程中,系统对外界所做的净功;Q_1 为系统吸收热量的总和;Q_2 为系统放出热量的总和。

致冷系数为

$$\varepsilon = \frac{Q_2}{A}$$

式中:A 表示在整个循环过程中,外界对系统所做的净功;Q_2 为系统从低温热源吸收的热量。

卡诺热机循环效率为

$$\eta = 1 - \frac{T_2}{T_1}$$

卡诺致冷循环中的致冷系数为

$$\varepsilon = \frac{T_2}{T_1 - T_2}$$

4. 热力学第二定律

开尔文表述:不可能只从单一热源吸收热量,使之全部转变为有用的功,而不引起其他变化。也就是说,第二类永动机是不可能制成的。

克劳修斯表述:热量不可能从低温物体传向高温物体,而不引起其他变化。也就是说,理想致冷机是不可能制成的。

5. 热力学第二定律的统计意义

一个不受外界影响的孤立系统,其内部所发生的一切实际过程,总是由出现概率小的宏观态(包含微观态数目少)向出现概率大的宏观态(包含微观态数目多)进行。

6. 卡诺定理

(1) 在相同高温热源和相同低温热源之间工作的一切可逆热机,其效率均相等,与工作物质无关,都应等于 $\eta = 1 - \dfrac{T_2}{T_1}$;

(2) 在相同高温热源和相同低温热源之间工作的一切不可逆热机,其效率不可能大于可逆热机的效率。

7. 熵增加原理

孤立系统的熵永不减少,即 $\Delta S = S_b - S_a \geqslant 0$。

思 考 题

7.1 我们能否对气体加热而不改变它的温度? 对固体呢?

7.2 什么叫内能？它与机械能有何异同？

7.3 关于热容量的以下说法是否正确：

(1) 热容量是物质含有热量多少的量度；

(2) 热容量是与过程有关的量；

(3) 热容量不可能是负值。

7.4 导致过程不可逆的原因是什么？为什么说自然界一切自发过程都是不可逆过程？

7.5 如图 7-18 所示，一定量的理想气体经历 $A{-}C{-}B$ 过程时吸热 300 J。(1) 求系统经历 $A{-}C{-}B$ 过程所做的功 A_{ACB}；(2) 若系统经 $A{-}C{-}B{-}D{-}A$ 循环，吸收的热量为多少？

7.6 理想气体从状态 $A(p_0、V_0、T_0)$ 开始，分别经过等压过程、等温过程、绝热过程，使体积膨胀到 V_1，如图 7-19 所示。这三种情况下系统吸热最多的是哪个过程？系统对外做功最大的是哪个过程？

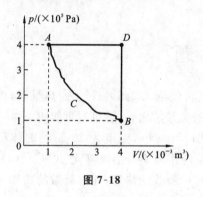

图 7-18

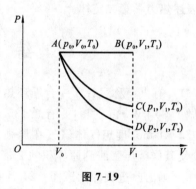

图 7-19

7.7 讨论理想气体在下述过程中内能改变量 ΔE、系统与外界交换热量 Q 和温度变化量 ΔT 的正负：(1) 等体过程，压强减小；(2) 等压压缩；(3) 绝热膨胀。

7.8 为什么只有在准静态过程中，功才能用 $\int_{V_1}^{V_2} p\mathrm{d}V$ 来计算？

7.9 理想气体在准静态的绝热过程中温度是否发生变化？为什么？

7.10 在日常生活中，有人对热量、温度、内能、热现象等不同概念一概称为"热"，试指出以下不同用语中的"热"指的是哪个概念。

(1) 摩擦生热；(2) 热功当量；(3) 这盆水太热；(4) 热与工农业生产的关系非常密切。

7.11 用热力学第二定律判定：(1) 一条等温线和一条绝热线是否会相交两次？(2) 两条绝热线和一条等温线能否构成一个循环？

7.12 根据热力学第二定律判断下面说法是否正确。

(1) 功可以全部转化为热，但热不能全部转化为功；(2) 热量能从高温物体传向低温物体,但不能从低温物体传向高温物体。

7.13 在什么情况下气体的热容为 0? 在什么情况下热容为无限大? 在什么情况下气体的热容为正值? 在什么情况下气体的热容为负值?

7.14 在本书中所讨论的理想气体热功转换的四个过程中,哪些地方应用了热力学第一定律? 在这四个过程中,哪一个过程的热功转换效率最大?

7.15 为提高热机效率,为什么实际上总是设法提高高温热源的温度,而不是降低低温热源的温度来考虑?

7.16 为什么热容与过程有关? 试写出用 C_V、C_p 计算热量 Q_V 和 Q_p 的关系式。

7.17 为什么说如果热力学第二定律的开尔文表述不成立,那么克劳修斯表述也不成立?

7.18 系统从某一初态开始,分别经过可逆与不可逆两个过程,到达同一末态,则在这两个过程中系统的熵变一样大吗?

7.19 为什么热力学第二定律可以有许多种不同的表述形式? 试任选一种实际过程表述热力学第二定律。

练 习 题

7.1 有人声称设计了一台循环热机,当燃料供给 1.045×10^8 J 的热量时,机器对外做了 30 kW·h 的功,并有 3.135×10^7 J 的热量放出,这种机器可能吗?

7.2 1 mol 理想气体氮气在压强为 1.013×10^5 Pa,温度为 20 ℃时的体积为 V_0,现使其作等压膨胀到原体积的 2 倍,然后保持体积不变温度降至 80 ℃。(1) 在 p-V 图上画出此过程的示意图;(2) 计算该过程中吸收的热量,气体所做的功和内能增量。

7.3 压强为 1.013×10^5 Pa,容积为 0.0082 m³ 的氧气,从初始温度 500 K 加热到 600 K。如加热时(1)体积不变;(2)压强不变,问在这两个过程中各需要多少热量? 哪一个过程所需热量多? 为什么?

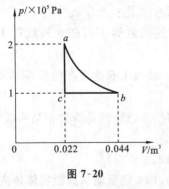

图 7-20

7.4 如图 7-20 所示,使 1 mol 氧气依次经历以下三个过程,(1) 由 a 等温变到 b;(2) 由 b 等压变到 c;(3) 由 c 等体变到 a。分别计算这三个过程中气体所做的功和传递的热量。

7.5 1 mol 理想气体氖气在温度为 20 ℃时的体积为 V_0,现保持体积不变,加热使其温度升高到 80 ℃,然后令其等温膨胀,体积变为原来的 2 倍,(1) 在 p-V 图上画出此过程的示意图;(2) 计算该过程中吸收的热量,气体所做的功和内能增量。

7.6　0.10 kg 的氮气温度由 27 ℃升高到 37 ℃。若在升温过程中,(1) 压强保持不变;(2) 体积保持不变;(3) 不与外界交换热量。试分别求出这三种情况下气体内能的改变、吸收的热量和外界对气体所做的功。

7.7　有人说:"既然热力学第二定律指出一切与热有关的实际宏观过程都是不可逆的,那么我们讨论的各种可逆过程就都是违反热力学第二定律的了"。这种判断是否正确? 如果不对,其错误的原因何在? 另外,既然卡诺循环是理想的,不能真正实现,那么研究它有什么实际意义?

7.8　请证明理想气体在绝热过程中满足 $pV^{\gamma}=C$(C 为常数)。

7.9　试证明 1 mol 理想气体在绝热过程中所做的功为

$$A=\frac{R(T_1-T_2)}{\gamma-1}$$

式中:T_1、T_2 分别为初、末状态的热力学温度。

7.10　标准状态下,1.5×10^{-2} kg 的氧气分别经过下列过程并从外界吸热 334.4 J。(1) 经等体过程,求末态的压强;(2) 经等温过程,求末态的体积;(3) 经等压过程,求气体内能的改变。

7.11　10 mol 单原子理想气体,在压缩过程中外界对它做功 209 J,其温度升高 1 K。试求该过程中气体吸收的热量、内能的增量。

7.12　0.5 kg 的氮气作如图 7-21 所示的循环,循环路径为 Ⅰ—Ⅱ—Ⅲ—Ⅳ—Ⅰ,其中 $V_2=3V_1$,$T_1=300$ K,$T_2=200$ K,求该循环效率。

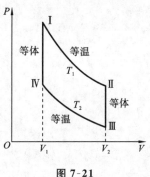

图 7-21

7.13　一定质量的理想气体,其 $\gamma=1.40$,若在等压下加热,使其体积增大到原体积的 n 倍为止。试求传给气体的热量中,用于对外做功与增加内能的热量之比。

7.14　3 mol 温度为 $T_0=273$ K 的理想气体,先经等温膨胀过程体积膨胀到原来的 5 倍,然后等体加热,使其末态的压强刚好等于初始压强,整个过程传给气体的热量为 $Q=8\times10^4$ J。(1) 在 p-V 图上画出此过程的示意图;(2) 求出末态时气体的温度 T;(3) 等温膨胀过程和等体加热过程气体吸收的热量;(4) 气体的定体摩尔热容。

7.15 一台冰箱工作时,其冷冻室中的温度为 $-10\ ^\circ\!\mathrm{C}$,室温为 $15\ ^\circ\!\mathrm{C}$。若按理想卡诺致冷循环计算,此致冷机每消耗 1000 J 的功可从被冷冻物品中吸出多少热量?

7.16 一个卡诺热机,当高温热源的温度为 $227\ ^\circ\!\mathrm{C}$,低温热源的温度为 $27\ ^\circ\!\mathrm{C}$ 时,对外做的净功是 16000 J,今维持低温热源的温度不变,提高高温热源的温度,使其对外做的净功增为 20000 J,两个卡诺热机都工作在相同的二绝热线之间。求:(1) 第二个循环吸收的热量;(2) 第二个循环的热效率;(3) 第二个循环的高温热源温度。

7.17 一个卡诺热机在温度为 $37\ ^\circ\!\mathrm{C}$ 及 $137\ ^\circ\!\mathrm{C}$ 两个热源之间运转。若使该机反向运转(致冷机),当从低温热源吸收 6.0×10^3 J 的热量,则将向高温热源放出多少热量?外界对系统做功多少?

7.18 设有一个系统储有 1 kg 的水,系统与外界间无能量传递。开始时,一部分水的质量为 0.40 kg、温度为 $70\ ^\circ\!\mathrm{C}$;另一部分水的质量为 0.60 kg、温度为 $30\ ^\circ\!\mathrm{C}$。混合后,系统内水温达到平衡,试求水的熵变。

7.19 6 g 刚性分子理想气体氢气分别经等体过程和等压过程,温度从 $127\ ^\circ\!\mathrm{C}$ 升高到 $177\ ^\circ\!\mathrm{C}$,问这两个过程中熵变分别是多少?

参考文献

[1] 钱铮,李成金.普通物理(上)[M].北京:科学出版社,2019.

[2] 柳辉,张素花.大学物理(上,下)[M].北京:科学出版社,2019.

[3] 陈义万.大学物理(上)[M].武汉:华中科技大学出版社,2019.

[4] 康颖.大学物理(上)[M].北京:科学出版社,2019.

[5] 吴百诗.大学物理基础(上)[M].北京:科学出版社,2007.

[6] 漆安慎,杜婵英.力学[M].北京:高等教育出版社,1997.

[7] 胡素芬.近代物理基础[M].杭州:浙江大学出版社,1988.

[8] 吴百诗.大学物理[M].西安:西安交通大学出版社,2004.

[9] 天津大学物理系.大学物理[M].天津:天津大学出版社,2005.

[10] Tipler P.物理学[M].李申生,译.北京:科学出版社,1988.

[11] 王亚民,渊小春,班丽瑛.大学物理[M].西安:西北工业大学出版社,2011.

[12] 李承祖.大学物理(下)[M].北京:科学出版社,2019.

[13] 吴百诗.大学物理基础(上)[M].北京:科学出版社,2007.

[14] 齐毓霖.摩擦与磨损[M].北京:高等教育出版社,1986.

[15] 赵凯华,罗蔚茵.热学[M].北京:高等教育出版社,1998.

[16] 秦允豪.热学[M].北京:高等教育出版社,1999.

[17] 李椿,章立源,钱尚武.热学[M].北京:人民教育出版社,1976.

[18] 马文蔚.物理学(上册)[M].4版.北京:高等教育出版社,2000.

[19] 马文蔚,苏惠惠,陈鹤鸣.物理学原理在工程技术上的应用[M].北京:高等教育出版社,2001.

[20] 姚贤良.土壤物理学[M].北京:农业出版社,1986.

[21] 周光召.《中国大百科全书》.物理学[M].2版.北京:中国大百科全书出版社,2009.

[22] 赵凯华,罗蔚茵.新概念物理教程 热学[M].北京:科学出版社,1998.

[23] 吴大江.新世纪物理学[M].北京:北京邮电大学出版社,2008.

[24] 黄淑清,聂宜如,申先甲.热学教程[M].北京:高等教育出版社,2001.